Wissenschaftliche Taschenbücher

WTB

Mathematik · Physik

E. G. Golstein

Konvexe Optimierung

Akademie-Verlag · Berlin

WTB Wissenschaftliche Taschenbücher

ROLF BORSDORF/MANFRED SCHOLZ
Spektroskopische Methoden in der organischen Chemie

WERNER HABERDITZL
Magnetochemie

GERHARD HEBER
Mathematische Hilfsmittel der Physik, Teil I und II

A. A. SOKOLOW
Elementarteilchen

HEINZ AHRENS
Varianzanalyse

HANS-JÜRGEN TREDER
Relativität und Kosmos
Raum und Zeit in Physik, Astronomie und Kosmologie

ALBERT EINSTEIN
Grundzüge der Relativitätstheorie

ALBERT EINSTEIN
Über die spezielle und die allgemeine Relativitätstheorie

GÜNTHER LUDWIG
Wellenmechanik. Einführung und Originaltexte

HARRY PAUL
Lasertheorie, Teil I und II

FRANZ RUDOLF KESSLER
Einführung in die physikalischen Grundlagen der Kernenergiegewinnung

EBERHARD TEUSCHER
Pharmakognosie, Teil I und II

D. TER HAAR
Quantentheorie. Einführung und Originaltexte

J. H. SANDERS
Die Lichtgeschwindigkeit. Einführung und Originaltexte

JEAN KUNTZMANN
Unendliche Reihen
Mathematische Hilfsmittel der Physik und Chemie
Mit 94 Übungen und 29 Aufgaben

JEAN KUNTZMANN
Systeme von Differentialgleichungen
Mathematische Hilfsmittel der Physik und Chemie
Mit 88 Übungen und 40 Aufgaben

JEAN KUNTZMANN
Komplexe Veränderliche
Mathematische Hilfsmittel der Physik und Chemie
Mit 90 Übungen und 37 Aufgaben

FERDINAND CAP
Einführung in die Plasmaphysik
I. Theoretische Grundlagen

FERDINAND CAP
Einführung in die Plasmaphysik
II. Wellen und Instabilitäten

FERDINAND CAP
Einführung in die Plasmaphysik
III. Magnetohydrodynamik

J. A. ROSANOW
Wahrscheinlichkeitstheorie

HARRY PFEIFER
Theorie linearer Bauelemente
Elektronik für den Physiker I

HARRY PFEIFER
Die Elektronenröhre
Elektronik für den Physiker II

HARRY PFEIFER
Schaltungen mit Elektronenröhren
Elektronik für den Physiker III

HARRY PFEIFER
Leitungen und Antennen
Elektronik für den Physiker IV

HARRY PFEIFER
Mikrowellenelektronik
Elektronik für den Physiker V

HARRY PFEIFER
Halbleiterelektronik
Elektronik für den Physiker VI

SIEGFRIED HAUPTMANN
Über den Ablauf organisch-chemischer Reaktionen

GERHARD HÜBNER / KLAUS JUNG / ECKART WINKLER
Die Rolle des Wassers in biologischen Systemen

STEPHEN G. BRUSH
Kinetische Theorie, Teil I und II
Einführung und Originaltexte

EBERHARD HOFMANN
Eiweiße und Nukleinsäuren als biologische Makromoleküle
Dynamische Biochemie, Teil I

EBERHARD HOFMANN
Enzyme und energieliefernde Stoffwechselreaktionen
Dynamische Biochemie, Teil II

EBERHARD HOFMANN
Intermediärstoffwechsel
Dynamische Biochemie, Teil III

EBERHARD HOFMANN
Grundlagen der Molekularbiologie und Regulation des Zellstoffwechsels
Dynamische Biochemie, Teil IV

HERBERT GOERING
Elementare Methoden zur Lösung von Differentialgleichungsproblemen

PETER KRUMBIEGEL
Isotopieeffekte

D. M. BRINK
Kernkräfte. Einführung und Originaltexte

DIETER ONKEN
Steroide
Zur Chemie und Anwendung

HEINZ GEILER
Ökologie der Land- und Süßwassertiere

ARTHUR F. CRACKNELL
Angewandte Gruppentheorie. Einführung und Originaltexte

DIETER KLAUA
Elementare Axiome der Mengenlehre

GÜNTER TEMBROCK
Grundlagen der Tierpsychologie

J. P. VINSON
Optische Kohärenz in der klassischen Theorie und in der Quantentheorie

W. R. HINDMARSH
Atomspektren. Einführung und Originaltexte

GÜNTER TEMBROCK
Biokommunikation
Informationsübertragung im biologischen Bereich
Teil I und II

ADOLF ZSCHUNKE
Kernmagnetische Resonanzspektroskopie in der organischen Chemie

DIETER MERKEL
Riechstoffe

JOHN CUNNINGHAM
Vektoren

GEORG DAUTCOURT
Relativistische Astrophysik

ERNST SCHMUTZER
Symmetrien und Erhaltungssätze der Physik

MICHAEL GÖSSEL
Angewandte Automatentheorie, Band I
Grundbegriffe

MICHAEL GÖSSEL
Angewandte Automatentheorie, Band II
Lineare Automaten und Schieberegister

HEINRICH KINDLER
Der Regelkreis. Eine Einführung

HARRY PAUL
Nichtlineare Optik, Teil I und II

A. R. KESSEL
Akustische Kernresonanz

Vorschau auf die nächsten Bände:

WOLFRAM BRAUER / HANS-WALDEMAR STREITWOLF
Theoretische Grundlagen der Halbleiterphysik

DIETRICH BANDEMER / ERNST-EGON PIPPIG
Einheiten, Maßsysteme, SI

EBERHARD TEUSCHER
Allgemeine Pharmakognosie, Teil I und II

DIETER KLAUA
Grundbegriffe der axiomatischen Mengenlehre, Teil I und II

JOACHIM NITSCHMANN
Entwicklung bei Mensch und Tier

HELMUT FRIEMEL / JOSEF BROCK
Einführung in die Immunologie

WTB

BAND 122

E. G. Golstein

Konvexe Optimierung

Elemente der Theorie

AKADEMIE-VERLAG · BERLIN

Reihe MATHEMATIK UND PHYSIK

Übersetzung aus dem Russischen:
Dr. Horst Weinert

In deutscher Sprache herausgegeben von
Dr. Jürgen Guddat

Titel der Originalausgabe:

Е. Г. Гольштейн
Выпуклое программирование
Элементы теории
Verlag „Nauka", Hauptredaktion Fismatlit, Moskau

1973

Lizenznummer: 202 · 100/420/73
Herstellung: VEB Druckhaus „Maxim Gorki", 74 Altenburg
Bestellnummer: 761 728 6 (7122) · ES 20 K 3/19 B 4
Printed in German Democratic Republic

Vorwort

Diesem Buch liegen Vorlesungen über die Theorie der konvexen Optimierung zugrunde, die vom Autor im Sommer 1968 vor den Hörern der in Alma-Ata durchgeführten All-Unions-Schule über mathematische Optimierung gehalten wurden.

Es ist bekannt, welche große Rolle in der linearen Optimierung die Dualitätstheorie und in diesem Zusammenhang der duale Zugang zur Analyse linearer Probleme spielt. Dieser Zugang gestattet einerseits, eine Reihe ökonomischer Systeme hinreichend exakt zu beschreiben, und führt andererseits zu effektiven Rechenmethoden in der linearen Optimierung. Dem Aufbau der Dualitätstheorie für konvexe Optimierungsprobleme wurde in dem Buch ein besonderer Platz eingeräumt. In der konvexen Optimierung hängen duale Probleme eng mit dem Problem zusammen, Sattelpunkte der entsprechenden LAGRANGE-Funktion zu bestimmen. Daher kommt der hier entwickelte Zugang zur Analyse konvexer Optimierungsprobleme einem bekannten Zugang von KUHN und TUCKER ([10], [8]) nahe. Allerdings erlaubt die im Buch gebrachte Darstellung, wie gezeigt werden wird, den Aufbau einer allgemeineren Theorie der konvexen Optimierung.

Im Buch wird ein durchaus nicht traditioneller Weg eingeschlagen, um die Theorie dualer konvexer Optimierungsprobleme aufzubauen (s. [1], [4]); als Ausgangspunkt wird hier der von J. VON NEUMANN stammende Hauptsatz der Theorie der antagonistischen Spiele gewählt (gewöhnlich wird auf den Zusammenhang zwischen den Sätzen der konvexen Optimierung und den VON NEUMANNschen Satz nicht eingegangen).

Außer den Grundtatsachen aus der Theorie der konvexen Optimierung ist im Buch eine Reihe von Ergebnissen aus der Theorie der Marginalwertprobleme der konvexen Optimierung enthalten.

Obgleich die Darstellung für den Fall endlich dimensionaler Probleme angelegt ist, bleiben viele der weiter unten angeführten Sätze auch für allgemeinere unendlichdimensionale Probleme richtig, wobei der Übergang zu Funktionalräumen in der Regel nicht damit verbunden ist, daß die Grundzüge der entsprechenden Beweise geändert werden.

Inhalt

1. Duales Problem

Unter einem allgemeinen konvexen Optimierungsproblem wird die Aufgabe verstanden, das Supremum der Funktion $f(x)$:

$$f(x) \to \sup \tag{1}$$

in bezug auf die Restriktionen

$$f_i(x) \geqq 0, \qquad i = 1, 2, \ldots, m; \tag{2}$$

$$x \in G \tag{3}$$

zu bestimmen. Dabei gilt $x = (x_1, x_2, \ldots, x_n)$; f und f_i sind auf G definierte konkave Funktionen, und G ist eine konvexe Teilmenge des n-dimensionalen Raumes.

Wir erinnern daran, daß eine Menge G *konvex* heißt, falls für zwei beliebige Punkte $x', x'' \in G$ und eine beliebige Zahl λ mit $0 < \lambda < 1$ der Punkt

$$x_\lambda = \lambda x' + (1 - \lambda) x'' \in G$$

ist.

Wir wollen uns außerdem ins Gedächtnis rufen, daß eine auf einer konvexen Menge G definierte Funktion $f(x)$ *konkav* (*konvex*) heißt, falls für beliebige Punkte $x', x'' \in G$ und eine beliebige Zahl λ mit $0 < \lambda < 1$ die Ungleichung

$$f\big(\lambda x' + (1 - \lambda) x''\big) \geqq (\leqq) \lambda f(x') + (1 - \lambda) f(x'')$$

gilt.

Mit R bezeichnen wir die Menge aller Punkte, die die Restriktionen (2), (3) erfüllen, d. h.

$$R = \{x \mid f_i(x) \geqq 0, \qquad i = 1, 2, \ldots, m; x \in G\}.$$

Aus der Tatsache, daß die Menge G konvex ist, und die Funktionen f und f_i konkav sind, ergibt sich unmittelbar, daß die Menge R konvex ist. Also besteht die Aufgabe (1)—(3) in der Maximierung der konkaven Funktion $f(x)$ über der konvexen Menge R. Formal könnten wir die Restriktionen von Aufgabe (1)—(3) durch $x \in R$ beschreiben. Allerdings gibt diese Beschreibung nicht die Möglichkeit, jede Restriktion (2), die an der Bildung der Menge R beteiligt ist, einzeln zu untersuchen. Im folgenden wird jeder Restriktion (2) eine Variable des dualen Problems zugeordnet werden. Daher ist es für uns bequemer, R in der Form (2), (3) anzunehmen. Wir bemerken, daß eine solche Darstellung bei weitem nicht in eindeutiger Weise geschehen muß. Gewöhnlich werden in der Menge G Punkte vereinigt, die einfachen Restriktionen vom Typ $x \geqq 0$, $\alpha \leqq x \leqq \beta$ usw. genügen. Es erweist sich allerdings in einer Reihe von Fällen als nützlich, einen komplizierteren Aufbau der Menge G zu betrachten. Im folgenden wird unter der Menge G eine beliebige konvexe Menge verstanden.

Wir werden einige Begriffe einführen. Einen Punkt $x \in R$ nennen wir einen *zulässigen Punkt* des Problems (1)—(3). Die Folge $X = \{x^{(k)}\}$, $x^{(k)} \in R$, nennen wir eine *zulässige Punktfolge*, falls $\lim\limits_{k \to \infty} f(x^{(k)})$ existiert (und zwar endlich oder unendlich ist). Wir setzen

$$f(X) = \lim_{k \to \infty} f(x^{(k)}).$$

Eine zulässige Punktfolge X^* heiße *optimale Punktfolge*[1]) des Problems, falls

$$f(X^*) = \sup_{x \in R} f(x)$$

gilt.

Ein beliebiges Problem vom Typ (1)—(3) besitzt als Lösung eine gewisse zulässige Punktfolge, jedoch kann

[1]) Mitunter werden wir X^* auch eine *Lösung* oder *Lösungsfolge* des Problems nennen.

man leicht Beispiele konstruieren, für die kein zulässiger Punkt $\hat{x}$ existiert, der das Minimum von $f(x)$ bezüglich R realisiert, d. h. für die kein Optimalpunkt $\hat{x}$ existiert. Der letztere Umstand hat uns auch veranlaßt, die Menge der zulässigen Punkte zu erweitern, indem wir den Begriff der zulässigen Punktfolge einführten.

Für die Aufgabe (1)—(3) bilden wir die sogenannte LAGRANGE-Funktion

$$F(x, y) = f(x) + \sum_{i=1}^{m} y_i f_i(x), \qquad x \in G, \qquad y \geqq 0,$$

mit $y = (y_1, y_2, \ldots, y_m)$. Mit ihrer Hilfe stellen wir unser Problem in einer äquivalenten, für unsere weiteren Untersuchungen bequemeren Gestalt dar.

Wir setzen

$$\varphi(x) = \inf_{y \geqq 0} F(x, y), \qquad x \in G, \tag{4}$$

und betrachten die Aufgabe, die Funktion $\varphi(x)$ auf der Menge G zu maximieren:

$$\varphi(x) \to \sup, \tag{5}$$

$$x \in G. \tag{6}$$

Wir bezeichnen

$$v = \begin{cases} \sup_{x \in R} f(x), & \text{falls } R \neq \emptyset, \\ -\infty, & \text{falls } R = \emptyset; \end{cases}$$

$$v' = \sup_{x \in G} \varphi(x).$$

Lemma 1: *Die Aufgaben* (1)—(3) *und* (4)—(6) *sind äquivalent, d. h.*

a) $v = v'$;

b) *ist* $X = \{x^{(k)}\}$ *eine optimale Punktfolge von Aufgabe* (1)—(3), *so ist sie auch eine optimale Punktfolge von Aufgabe* (4)—(6);

c) *ist* $X = \{x^{(k)}\}$ *eine optimale Punktfolge von Aufgabe* (4)—(6) *mit*

$$\varphi(X) = \lim_{k\to\infty} \varphi(x^{(k)}) > -\infty,$$

so ist X eine optimale Punktfolge von Aufgabe (1)—(3).

Beweis: Sei $x \in R$. Wegen $f_i(x) \geqq 0$ für $i = 1, 2, \ldots, m$ gilt für beliebiges $y \geqq 0$

$$F(x, y) \geqq f(x).$$

Andererseits ist $F(x, 0) = f(x)$. Folglich

$$\varphi(x) = \inf_{y \geqq 0} F(x, y) = F(x, 0) = f(x).$$

Gilt dagegen $x \notin R$, so ist $f_i(x) < 0$ für mindestens einen Index i. Sei zum Beispiel $f_1(x) < 0$. Wir setzen $y^{(k)} = (k, 0, 0, \ldots, 0)$. Offensichtlich gilt

$$\varphi(x) = \inf_{y \geqq 0} F(x, y) \leqq \lim_{k\to\infty} F(x, y^{(k)}) = -\infty.$$

Also ist

$$\varphi(x) = \begin{cases} f(x) \text{ für } x \in R, \\ -\infty \text{ für } x \notin R. \end{cases} \tag{7}$$

Ist $v = -\infty$, d. h. die Menge R leer, so gilt wegen (7)

$$\varphi(x) \equiv -\infty, \qquad \text{d. h. } v' = -\infty.$$

Ist dagegen $v > -\infty$, d. h. $R \neq \emptyset$, so gilt wieder wegen (7)

$$v' = \sup_G \varphi(x) = \sup_{x \in R} f(x) = v.$$

Die Behauptung a) ist bewiesen.

Wir setzen nun voraus, daß $X = \{x^{(k)}\}$ eine optimale Punktfolge von Aufgabe (1)—(3) ist, d. h.

$$\lim_{k\to\infty} f(x^{(k)}) = v > -\infty.$$

Da $x^{(k)} \in R$ ist, gilt wegen (7)

$$v = \lim_{k\to\infty} f(x^{(k)}) = \lim_{k\to\infty} \varphi(x^{(k)}).$$

Ziehen wir ferner a) in Betracht, so erhalten wir

$$\lim_{k\to\infty} \varphi(x^{(k)}) = v',$$

womit Behauptung b) bewiesen ist. Analog wird auch die Behauptung c) des Lemmas gezeigt.

Wir wollen bemerken, daß wir beim Beweis von Lemma 1 nicht benutzt haben, daß (1)—(3) ein konvexes Optimierungsproblem ist. Was wir auch für Funktion f, f_i und für eine Menge G vorgeben, stets sind die Aufgaben (1)—(3) und (4)—(6) äquivalent. Das angeführte Lemma zeigt, daß das Ausgangsproblem (1)—(3) äquivalent zur Bestimmung

$$\sup_{x\in G} \inf_{y\geqq 0} F(x, y) \tag{8}$$

ist.

Um die zu (1)—(3) duale Aufgabe zu formulieren, tauschen „inf" und „sup" in der Formel (8) die Plätze. Wir setzen

$$\psi(y) = \sup_{x\in G} F(x, y). \tag{9}$$

Das zu Aufgabe (1)—(3) duale Problem besteht nach Definition in der Minimierung der Funktion $\psi(y)$ auf der Menge $\{y \mid y \geqq 0\}$:

$$\psi(y) \to \inf, \tag{10}$$

$$y \geqq 0. \tag{11}$$

Den Extremalwert im dualen Problem, d. h., das Infimum der Funktion $\psi(y)$ auf dem positiven Orthanten $y \geqq 0$ wollen wir mit $\tilde{v}$ bezeichnen.

Wir illustrieren das hier eingeführte allgemeine Schema zur Formulierung des dualen Problems am Beispiel des allgemeinen linearen Optimierungsproblems. Wir betrachten das lineare Optimierungsproblem

$$\sum_{j=1}^{n} c_j x_j \to \max, \tag{12}$$

$$\sum_{j=1}^{n} a_{ij} x_j \leqq b_i, \qquad i = 1, 2, \ldots, m, \tag{13}$$

$$x_j \geqq 0, \qquad j = 1, 2, \ldots, n. \tag{14}$$

Im vorgegebenen Fall ist

$$f(x) = \sum_{j=1}^{n} c_j x_j, \quad f_i(x) = b_i - \sum_{j=1}^{n} a_{ij} x_j, \quad i = 1, 2, \ldots, m,$$

$$G = \{x \mid x \geqq 0\}.$$

Folglich gilt

$$F(x, y) = \sum_{j=1}^{n} c_j x_j + \sum_{i=1}^{m} y_i \left(b_i - \sum_{j=1}^{n} a_{ij} x_j\right)$$

$$= \sum_{j=1}^{n} c_j x_j + \sum_{i=1}^{m} b_i y_i - \sum_{i=1}^{m} \sum_{j=1}^{n} a_{ij} y_i x_j.$$

In Übereinstimmung mit den allgemeinen Regeln zur Konstruktion des dualen Problems führen wir die Funktion

$$\psi(y) = \sup_{x \in G} F(x, y)$$

$$= \sup_{x \geqq 0} \left[\sum_{j=1}^{n} c_j x_j + \sum_{i=1}^{n} b_i y_i - \sum_{i=1}^{m} \sum_{j=1}^{n} a_{ij} y_i x_j\right]$$

$$= \sum_{i=1}^{m} b_i y_i + \sup_{x \geqq 0} \sum_{j=1}^{n} \left(c_j - \sum_{i=1}^{m} a_{ij} y_i\right) x_j$$

ein. Wir setzen

$$c_j(y) = c_j - \sum_{i=1}^{m} a_{ij} y_i, \qquad j = 1, 2, \ldots, m.$$

Offenbar gilt

$$\sup_{x \geqq 0} \sum_{j=1}^{n} c_j(y) x_j = \sum_{j=1}^{n} \sup [c_j(y) x_j].$$

Weiterhin ist

$$\sup_{x_j \geqq 0} [c_j(y) x_j] = \begin{cases} 0 \text{ für } c_j(y) \leqq 0, \\ \infty \text{ für } c_j(y) > 0. \end{cases}$$

Folglich haben wir, wenn y die Restriktionen $c_j(y) \leqq 0$, $j = 1, 2, \ldots, n$, erfüllt,

$$\sup_{x \geqq 0} \sum_{j=1}^{n} c_j(y) x_i = 0 \qquad \text{und} \qquad \psi(y) = \sum_{i=1}^{m} b_i y_i .$$

Im entgegengesetzten Fall ist

$$\sup_{x \geqq 0} \sum_{j=1}^{n} c_j(y) x_j = \infty \qquad \text{und} \qquad \psi(y) = \infty .$$

Sei nun $T = \{y \mid c_j(y) \leqq 0, \ j = 1, 2, \ldots, n\}$. Wir haben gezeigt, daß

$$\psi(y) = \begin{cases} \sum_{i=1}^{m} b_i y_i & \text{für} \quad y \in T, \\ \infty & \text{für} \quad y \notin T \end{cases}$$

gilt. Da das duale Problem darin besteht, daß die Funktion $\psi(y)$ minimiert wird, genügt es, diese Funktion nur in solchen Punkten y zu betrachten, in denen $\psi(y) < \infty$ ist. Mit anderen Worten, die zu (12)—(14) duale Aufgabe besteht in der Minimierung der Fuktion $\psi(y)$ über der Menge aller nichtnegativen $y \in T$. Also gewinnt die endgültige Formulierung des dualen Problems folgende Gestalt:

$$\sum_{i=1}^{m} b_i y_i \to \min, \tag{15}$$

$$c_j(y) = c_j - \sum_{i=1}^{m} a_{ij} y_i \leqq 0, \qquad j = 1, 2, \ldots, n, \tag{16}$$

$$y_i \geqq 0, \qquad i = 1, 2, \ldots, m. \tag{17}$$

Wir erhalten die wohlbekannte Form für das duale Problem in der linearen Optimierung.

Wir erinnern, daß die Restriktionen (16) in diesem Problem eine Menge von Punkten y auswählten, für die $\psi(y) < \infty$ ist. Analog kann das allgemeine Schema zur Konstruktion des dualen Problems auch für einige andere spezielle Problemklassen der konvexen Optimierung detalliert werden (zum Beispiel für quadratische Optimierungsprobleme). Wie auch im soeben untersuchten Fall treten die zusätzlichen Restriktionen im dualen Problem beim Ausscheiden der Punkte y auf, für die $\psi(y) = \infty$ ist. Wir werden uns jedoch damit nicht weiter beschäftigen.

2. Hauptsatz über antagonistische Spiele und seine Verallgemeinerungen

Unter einem *Dualitätstheorem* werden wir eine Aussage verstehen, die unter gewissen Voraussetzungen die Gültigkeit der Gleichung

$$v = \tilde{v}$$

garantiert, die gewöhnlich *Dualitätsrelation* genannt wird. Hier gilt gemäß den früher eingeführten Bezeichnungen und Lemma 1

$$v = \begin{Bmatrix} \sup\limits_{x \in R} f(x), & R \neq \emptyset \\ -\infty, & R = \emptyset \end{Bmatrix} = \sup_{x \in G} \varphi(x) = \sup_{x \in G} \inf_{y \geqq 0} F(x, y);$$

$$\tilde{v} = \inf_{y \geqq 0} \psi(y) = \inf_{y \geqq 0} \sup_{x \in G} F(x, y).$$

Also ist die Dualitätsrelation äquivalent zur Gleichung

$$\sup_{x \in G} \inf_{y \geqq 0} F(x, y) = \inf_{y \geqq 0} \sup_{x \in G} F(x, y), \tag{18}$$

in der $F(x, y) = f(x) + \sum_{i=1}^{m} y_i f_i(x)$ die LAGRANGE-Funktion von Aufgabe (1)—(3) ist. Da f und f_i konkave Funktionen sind und $y \geqq 0$ ist, ist die Funktion $F(x, y)$ konkav in x. Außerdem ist diese Funktion offensichtlich linear in y. Wären daher die konvexen Mengen, in bezug auf die das Supremum und Infimum von $F(x, y)$ zu bestimmen sind, kompakt (beschränkte und abgeschlossene Mengen), so würde sich die Gleichung (18) aus dem JOHN VON NEUMANNschen Satz für antagonistische Spiele [6] ergeben. Nun ist in unserem Falle eine dieser Mengen ($y \geqq 0$) gewiß nicht beschränkt und die andere (G) im allgemeinen auch nicht. Aus diesem Umstand erklärt sich auch die Tatsache, daß die Dualitätsrelation für konvexe Optimierungsprobleme nur bei Beachtung gewisser Voraussetzungen erfüllt ist. Darin kann man auch die Ursache sehen, weshalb der Satz von J. VON NEUMANN bisher keine Anwendung in der Theorie der konvexen Optimierung gefunden hat: Gewöhnlich werden spezielle Konstruktionen und Betrachtungen verwendet, um dieses oder jenes Dualitätstheorem zu erhalten. Weiter unten werden wir den Versuch machen, den traditionellen Weg zu verlassen, den man einschlägt, um die Theorie der konvexen Optimierung darzustellen, und nach Möglichkeit den Satz von J. VON NEUMANN bzw. irgendeine Verschärfung davon zugrunde legen. Erstens ist ein solcher Zugang eine natürliche Folgerung aus der Theorie der antagonistischen Spiele und der konvexen Optimierung und zweitens gestattet er, allgemeine Resultate zu erhalten.

Wir wollen für eine Weile unsere Aufgabe (1)—(3) mit der LAGRANGE-Funktion $F(x, y)$ vergessen und die von dem n-dimensionalen Vektor $x \in X$ und dem m-dimensionalen Vektor $y \in Y$ abhängige Funktion $f(x, y)$ betrachten. Die Mengen X und Y, auf denen die Funktion $f(x, y)$ definiert ist, werden als konvex vorausgesetzt; für beliebiges festes $y \in Y$ sei die Funktion ($f(x, y)$ konkav über X. Für beliebiges festes $x \in X$ sei die Funktion $f(x, y)$ konvex über Y. Wir werden uns auf die folgende, von H. KNESER [9] dargestellte Variante des J. VON NEUMANNschen Satzes stützen.

Satz 1: *Ist eine der Mengen X, Y kompakt (d. h. beschränkt und abgeschlossen) und die Funktion $f(x, y)$ stetig in dem entsprechenden Variablenvektor, so gilt*

$$\sup_X \inf_Y f(x, y) = \inf_Y \sup_X f(x, y). \tag{19}$$

Zuerst werden wir eine einfachere Aussage beweisen.

Lemma 2: *Für eine beliebige Funktion $f(x, y)$ und für beliebige Mengen X und Y gilt*

$$\sup_X \inf_Y f(x, y) \leqq \inf_Y \sup_X f(x, y). \tag{20}$$

Beweis: Offensichtlich gilt für beliebige $x \in X$ und $y \in Y$

$$\varphi(x) = \inf_Y f(x, y) \leqq \sup_X f(x, y) = \psi(y).$$

Wenn wir auf der linken Seite dieser Ungleichung zum Supremum bezüglich x und auf der rechten zum Infimum bezüglich y übergehen, erhalten wir (20).

Der Beweis von Satz 1 stützt sich auf zwei bekannte Sätze aus der Funktionalanalysis. Wir halten es für zweckmäßig, deren Formulierung hier anzugeben. Seien also B ein BANACH-Raum und K eine konvexe Teilmenge von B. Die folgende Behauptung ist unter der Bezeichnung *Trennungssatz* bekannt.

Enthält die konvexe Menge K einen inneren Punkt und ist der Punkt $p \in B$ kein innerer Punkt von K, so existiert ein von Null verschiedenes beschränktes, auf B definiertes lineares Funktional derart, daß $l(z) \leqq l(p)$ für alle $z \in K$ gilt.

Sei nun X ein Kompaktum eines endlich dimensionalen Raumes. Wir betrachten den BANACH-Raum $C(X)$ der auf X stetigen reellwertigen Funktionen, in dem die Norm des Elements $\varphi(x)$ durch die Beziehung

$$|\varphi| = \max_{x \in X} |\varphi(x)|$$

gegeben ist. Zum Beweis von Satz 1 werden wir den Trennungssatz für eine gewisse Teilmenge des Raumes $C(X)$ verwenden. Daher benötigen wir die Kenntnis über eine allgemeine Form für ein lineares, auf $C(X)$ definiertes beschränktes Funktional. Wir führen ein System S von Teilmengen σ der Menge X mittels folgender Forderungen ein:

a) S enthält sämtliche offenen Teilmengen der Menge X, und für beliebiges $\sigma \in S$ gilt für die Menge $\bar{\sigma} = X \setminus \sigma \in S$.

b) Zusammen mit einer beliebigen endlichen oder abzählbaren Folge seiner Elemente enthält S deren Vereinigung.

c) S ist das minimale, den Eigenschaften a) und b) genügende System.

Das eingeführte System S heißt das *System der* Borel*schen Teilmengen von X*.

Sei μ eine auf dem System S der Borelschen Teilmengen von X definierte reelle Funktion. Die Funktion μ heiße ein *Maß* auf X, falls für eine beliebige, höchstens abzählbare Folge disjunkter Mengen $\sigma_i \in S$, $i = 1, 2, \ldots$,

$$\mu\left(\bigcup_i \sigma_i\right) = \sum_i \mu(\sigma_i)$$

gilt.

Vollständige Variation der Funktion μ auf der Menge X heiße die Zahl

$$\operatorname{var} \mu_X = \sup \sum_i |\mu(\sigma_i)|,$$

wo das Supremum über alle möglichen Folgen genommen wird, die aus disjunkten Mengen $\sigma_i \in S$ bestehen und höchstens abzählbar viele Elemente enthalten. Ist $\operatorname{var} \mu_X < \infty$, so heißt das Maß μ *beschränkt*.

Sei μ ein beliebiges beschränktes Maß auf X. Dann kann man in der üblichen Weise den Begriff einer μ-meßbaren Funktion einführen und für jede μ-meßbare beschränkte Funktion $\varphi(x)$, $x \in X$ ein μ-Integral auf der Menge X definieren: $\int\limits_X \varphi(x)\,d\mu$ (das wird genauso gemacht wie in dem Falle, wo μ das gewöhnliche LEBESGUEsche Maß ist). Insbesondere erweist es sich, daß eine beliebige auf X stetige Funktion integrierbar ist. Wir werden den folgenden Satz von F. RIESZ verwenden:

Ist $l(\varphi)$ ein beschränktes, auf $C(X)$ definiertes lineares Funktional, so existiert ein beschränktes Maß μ derart, daß

$$l(\varphi) = \int\limits_X \varphi(x)\,d\mu, \quad |l| = \operatorname{var} \mu_X$$

gilt, wobei dann, wenn das Funktional l nichtnegativ ist, d. h., wenn $l(\varphi) \geqq 0$ ist für eine beliebige, auf X nichtnegative Funktion $\varphi(x)$, das Maß μ nichtnegativ und folglich $|l| = \mu(X)$ ist.

Es sei $\varphi(x)$ eine auf einem konvexen Kompaktum X definierte und konkave stetige Funktion und μ ein nichtnegatives Maß auf X mit $\mu(X) = 1$. Wir setzen $x_\mu = \int\limits_X x\,d\mu$ und zeigen, daß

$$\varphi(x_\mu) \geqq \int\limits_X \varphi(x)\,d\mu, \qquad x_\mu \in X, \tag{21}$$

gilt. Man kann nämlich das Integral in (21) mit beliebiger Genauigkeit durch entsprechende Integralsummen ersetzen, d. h., zu beliebigem $\varepsilon > 0$ existieren $x_i \in X$ und $\mu_i \geqq 0$ derart, daß

$$\left|x_\mu - \sum_i \mu_i x_i\right| \leqq \varepsilon, \left|\int\limits_X \varphi(x)\,d\mu - \sum_i \varphi(x_i)\mu_i\right| \leqq \varepsilon,$$

$$\sum_i \mu_i = 1 \tag{22}$$

gilt. Da X eine konvexe Menge und $\varphi(x)$ eine konkave

Funktion ist, gilt

$$\varphi\left(\sum_i \mu_i x_i\right) \geqq \sum_i \mu_i \varphi(x_i), \quad \sum_i \mu_i x_i \in X.$$

Die gesuchte Beziehung (21) ist eine Folgerung aus den letzten Ungleichungen, den Ungleichungen (22) und dem Umstand, daß $\varepsilon > 0$ beliebig gewählt wurde. Nach diesen vorbereitenden Bemerkungen beweisen wir die Behauptungen aus Satz 1.

Beweis von Satz 1: Es sei o. B. d. A. X kompakt und $f(x, y)$ für beliebiges festes $y \in Y$ eine stetige Funktion in x. Wir betrachten den Raum $C(X)$ der auf dem Kompaktum X stetigen Funktionen $\varphi(x)$. In diesem Raum bezeichnen wir mit K die folgende Menge:

$$K = \{\varphi_1(x) \mid \varphi_2(x) \geqq f(x, y)$$
$$\text{für ein gewisses } y \in Y \text{ und alle } x \in X\}.$$

Die Menge K ist konvex. Sind nämlich $\varphi_1(x)$ und $\varphi_2(x)$ beliebige Elemente von K und ist $0 < \alpha < 1$, so gilt

$$\varphi_\alpha(x) = \alpha\varphi_1(x) + (1-\alpha)\varphi_2(x)$$
$$\geqq \alpha f(x, y_1) + (1-\alpha) f(x, y_2), \qquad y_1, y_2 \in Y.$$

Da die Funktion $f(x, y)$ konvex bezüglich y und auch die Menge Y konvex ist, ergibt sich

$$\alpha f(x, y_1) + (1-\alpha) f(x, y_2) \geqq f(x, y_\alpha)$$

mit $y_\alpha = y_1 + (1-\alpha) y_2 \in Y$.

Folglich haben wir einen Punkt $y_\alpha \in Y$ gefunden, für den

$$\varphi_\alpha(x) \geqq f(x, y_\alpha), \qquad x \in K,$$

gilt, d. h. $\varphi_\alpha(x) \in K$. Die Konvexität von K ist bewiesen. Außerdem enthält die Menge K einen inneren Punkt. Es sei $y \in Y$. Dann ist $\bar{\varphi}(x) = f(x, y) + 1$ ein innerer

Punkt von K, da für ein beliebiges Element $\varphi(x) \in C(X)$, dessen Norm kleiner oder gleich Eins ist,

$$\bar{\varphi}(x) + \varphi(x) \geqq f(x, y), \qquad x \in X,$$

d. h. $\bar{\varphi}(x) + \varphi(x) \in K$ gilt.

Also ist K eine konvexe Menge, die mindestens einen inneren Punkt enthält. Sei nun $\varphi_v^*(x) \equiv v, x \in X$. Wir setzen

$$v_1 = \sup_X \inf_Y f(x, y), \qquad v_2 = \inf_Y \sup_X f(x, y).$$

Da für beliebiges $y \in Y$ die Größe $\sup_X f(x, y) < \infty$ ist, gilt $v_2 < \infty$. Weitere Untersuchungen führen zu der Aussage, daß $v_2 > -\infty$ ist. Wir zeigen nun, daß für beliebiges $\varepsilon > 0$ gilt:

$$\varphi^*_{v_2-\varepsilon}(x) \notin K. \tag{23}$$

Nehmen wir das Gegenteil an, so können wir einen Punkt $y_\varepsilon \in Y$ finden, so daß $v_2 - \varepsilon \geqq f(x, y_\varepsilon)$, $x \in X$ gilt. Aus dieser Beziehung erhalten wir

$$v_2 - \varepsilon \geqq \sup_X f(x, y_\varepsilon) \geqq \inf_Y \sup_X f(x, y) = v_2,$$

d. h. $\varepsilon \leqq 0$. Aber nach Voraussetzung ist $\varepsilon > 0$. Der erhaltene Widerspruch beweist (23). Die für beliebiges $\varepsilon > 0$ geltende Beziehung (23) bedeutet, daß das Element $\varphi_{v_2}^*(x)$ kein innerer Punkt der Menge K ist.

Wir wenden nun auf die Menge K und den Punkt $\varphi_{v_2}^* = \varphi_{v_2}^*(x)$ den Trennungssatz an. Nach diesem Satz existiert ein auf $C(X)$ definiertes, von Null verschiedenes, lineares beschränktes Funktional $l(\varphi)$ derart, daß

$$l(\varphi) \geqq l(\varphi_{v_2}^*) \tag{24}$$

für jeden Punkt $\varphi \in K$ gilt. Wir wollen feststellen, daß das Funktional l nichtnegativ ist. Zu diesem Zweck nehmen wir die Existenz einer nichtnegativen stetigen

Funktion $\varphi_0(x) = \varphi_0 \in C(X)$ an, für die

$$l(\varphi_0) < 0 \tag{25}$$

gilt. Ohne Einschränkung der Allgemeinheit kann man voraussetzen, daß

$$\varphi_0(x) > \delta > 0, \qquad x \in X, \tag{26}$$

gilt, da im entgegengesetzten Fall $\varphi(x_0)$ durch die Funktion $\varphi_0(x) + \varphi_\delta^*(x)$ ersetzt werden könnte, die für hinreichend kleines δ wegen der Beschränktheit des Funktionals l die Formel (25) erfüllen würde. Aus der Ungleichung (26) und der Definition der Menge K folgt, daß bei hinreichend großem $\lambda > 0$

$$\lambda \varphi_0(x) \in K$$

ist, woraus wir unter Berücksichtigung von (24)

$$l(\varphi_0) \geqq \lim_{\lambda \to \infty} \left[\frac{1}{\lambda}\, l(\varphi_{v_2})\right] = 0$$

erhalten, was jedoch im Widerspruch zur Annahme (25) steht. Wir haben somit die Nichtnegativität des Funktionals l bewiesen.

Wir wenden nun den Rieszschen Satz an, nach dem das nichtnegative beschränkte lineare Funktional l in der Gestalt

$$l(\varphi) = \int_X \varphi(x)\, d\lambda \tag{27}$$

dargestellt werden kann. Dabei ist λ irgendein nichtnegatives Maß auf dem Kompaktum X, $|l| = \lambda(X) > 0$. Wir übertragen (24) unter Berücksichtigung der Darstellung (27):

$$\int_X \varphi(x)\, d\lambda \geqq \int_X v_2\, d\lambda = v_2 \lambda(X)$$

für eine beliebige Funktion $\varphi(x) \in K$. Setzen wir nun

$$\lambda^* = \frac{\lambda}{\lambda(X)} \quad \text{und} \quad \varphi(x) = f(x, y) \in K \tag{28}$$

für beliebiges festes $y \in Y$, so erhalten wir wegen (28)

$$\int_X f(x, y)\, d\lambda^* \geqq v_2, \qquad y \in Y. \tag{29}$$

Da die Funktion $f(x, y)$ für festes $y \in Y$ auf dem konvexen Kompaktum X konkav und λ^* ein nichtnegatives Maß mit $\lambda^*(X) = 1$ ist, gilt wegen Ungleichung (21)

$$f(x_{\lambda^*}, y) \geqq \int_X f(x, y)\, d\lambda^*, \qquad x_{\lambda^*} = \int_X x\, d\lambda^* \in X. \tag{30}$$

Aus den Beziehungen (29) und (30) erhalten wir

$$v_2 \leqq \int_X f(x, y)\, d\lambda^* \leqq f(x_{\lambda^*}, y)$$

für beliebiges $y \in$ X und gewisses $x_{\lambda^*} \in X$, d. h.

$$v_2 \leqq \inf_{y \in Y} f(x_{\lambda^*}, y) \leqq \sup_X \inf_Y f(x, y) = v_1. \tag{31}$$

Außerdem ist nach Ungleichung (20) (Lemma 1) $v_1 \leqq v_2$, folglich gilt

$$v_1 = \sup_X \inf_Y f(x, y) = v_2 = \inf_Y \sup_X f(x, y).$$

Also ist Satz 1 für $v_2 > -\infty$ bewiesen. Ist dagegen $v_2 = -\infty$, so ist nach Lemma 1 $v_1 \leqq v_2 = -\infty$, womit der Satz auch in diesem Fall und damit vollständig bewiesen ist.

Unsere weiteren Anstrengungen richten wir darauf, die Voraussetzungen von Satz 1 abzuschwächen. Wir führen die Funktionen

$$\varphi(x) = \inf_Y f(x, y), \qquad x \in X; \ \psi(y) = \sup_X f(x, y), \qquad y \in Y,$$

ein. Nach den früher angewandten Bezeichnungen ist

$$v_1 = \sup_X \varphi(x), \qquad v_2 = \inf_Y \psi(y).$$

Wir führen einige sehr einfache Eigenschaften der Funktionen $\varphi(x)$ und $\psi(y)$ an.

Lemma 3: *Ist die Funktion $f(x, y)$ konkav bezüglich $x \in X$ (X eine konvexe Menge), so ist auch $\varphi(x)$ eine konkave Funktion.*

Ist die Funktion $f(x, y)$ konvex bezüglich $y \in Y$ (Y eine konvexe Menge), so ist auch $\psi(y)$ eine konvexe Funktion.

Beweis: Wir werden nur den ersten Teil des Lemmas beweisen (der zweite ergibt sich analog.) Es sei $x_\alpha = x_1 + (1 - \alpha)x_2$, wobei x_1, x_2 beliebige Punkte aus X sind und α eine beliebige Zahl aus (0, 1) ist. Wir fixieren $y \in Y$. Dann gilt nach der Voraussetzung des Lemmas

$$f(x_\alpha, y) \geqq \alpha f(x_1, y) + (1 - \alpha) f(x_2, y).$$

Wenn wir diese Ungleichung ausnutzen, erhalten wir

$$\begin{aligned} \varphi(x_\alpha) &= \inf_Y f(x_\alpha, y) \geqq \inf_Y [\alpha f(x_1, y) + (1 - \alpha) f(x_2, y)] \\ &\geqq \alpha \inf_Y f(x_1, y) + (1 - \alpha) \inf_Y f(x_2, y) \\ &= \alpha\varphi(x_1) + (1 - \alpha)\varphi(x_2). \end{aligned}$$

Folglich ist $\varphi(x)$ eine konvexe Funktion, und das Lemma ist bewiesen.

Bevor wir den nächsten Hilfssatz formulieren, erinnern wir an den Begriff der Halbstetigkeit. Wir sagen, daß die Funktion $z(t)$ im Punkt t_0 *nach oben halbstetig* (*nach unten halbstetig*) ist, falls für ein beliebiges $\varepsilon > 0$ ein $\delta(\varepsilon) > 0$ existiert, so daß für $|t - t_0| \leqq \delta(\varepsilon)$ die Ungleichung

$$z(t) \leqq z(t_0) + \varepsilon \qquad (z(t) \geqq z(t_0) - \varepsilon)$$

gilt.

Lemma 4: *Ist* $f(x, y)$ *nach oben halbstetig bezüglich* x *für beliebiges festes* $y \in Y$, *so ist die Funktion* $\varphi(x)$ *nach oben halbstetig in jedem Punkt der Menge* X.

Ist $f(x, y)$ *nach unten halbstetig bezüglich* y *für beliebiges fixiertes* $x \in X$, *so ist die Funktion* $\psi(y)$ *nach unten halbstetig in jedem Punkt der Menge* Y.

Beweis: Wir beschränken uns bei unserem Beweis wiederum nur auf den ersten Teil des Lemmas.

Es seien $x_0 \in X$, $\varepsilon > 0$. Aus der Definition der Funktion $\varphi(x)$ ergibt sich die Existenz eines Punktes y_ε derart, daß

$$\varphi(x_0) \geqq f(x_0, y_\varepsilon) - \frac{\varepsilon}{2}$$

gilt. Weiterhin kann man wegen der Halbstetigkeit nach oben von $f(x, y_\varepsilon)$ nach x ein $\delta(\varepsilon) > 0$ finden, so daß für $|x - x_0| \leqq \delta(\varepsilon)$

$$f(x, y_\varepsilon) - f(x_0, y_\varepsilon) \leqq \frac{\varepsilon}{2}$$

gilt. Wenn wir nun die beiden erhaltenen Ungleichungen und die Definition der Funktion $\varphi(x)$ ausnutzen, ergibt sich

$$\varphi(x_0) \geqq f(x_0, y_\varepsilon) - \frac{\varepsilon}{2} \geqq f(x, y_\varepsilon) - \varepsilon \geqq \varphi(x) - \varepsilon$$

für $|x - x_0| \leqq \delta(\varepsilon)$. Das Lemma ist bewiesen.

Es ist bekannt, daß eine in jedem Punkt irgendeines Kompaktums nach oben halbstetige (nach unten halbstetige) Funktion auf ihm ihr Supremum (Infimum) annimmt. Daher nimmt die Funktion $\varphi(x)$ gemäß Lemma 4 ihr Supremum auf einer beliebigen kompakten Teilmenge der Menge X an und die Funktion $\psi(y)$ ihr Infimum auf einer beliebigen kompakten Teilmenge der Menge Y.

Seien $G \subset X$, $F \subset Y$. Wir führen die Beziehungen

$$\varphi_F(x) = \inf_F f(x, y), \qquad \psi_G(y) = \sup_G f(x, y)$$

ein. In diesen Bezeichnungen ist

$$\varphi(x) \equiv \varphi_Y(x), \qquad \psi(y) \equiv \psi_X(y).$$

Offensichtlich ist $\varphi_{F_1}(x) \geqq \varphi_{F_2}(x)$ bzw. $\psi_{G_1}(y) \leqq \psi_{G_2}(y)$, falls $F_1 \subset F_2$ bzw. $G_1 \subset G_2$. Wir wollen verabreden, daß die Funktion $z'(t)$ eine *Majorante* (*Minorante*) der Funktion $z(t)$ auf irgendeiner Teilmenge S ihres Definitionsbereiches heißen soll, falls

$$z(t) < z'(t), t \in S \qquad \big(z(t) > z'(t), t \in S\big)$$

gilt.

Lemma 5: *Es sei die Funktion $f(x, y)$ nach oben halbstetig bezüglich $x \in X$. Ist $\varphi'(x)$ eine stetige Majorante der Funktion $\varphi(x)$ auf dem Kompaktum $G \subset X$, so existiert eine Menge F_1, die aus endlich vielen Punkten der Menge Y besteht derart, daß $\varphi'(x)$ ebenfalls eine Majorante der Funktion $\varphi_{F_1}(x)$ auf G ist. Es sei $f(x, y)$ nach unten halbstetig bezüglich $y \in Y$. Ist $\psi'(y)$ eine stetige Minorante der Funktion $\psi(y)$ auf einem Kompaktum F, so existiert eine endliche Teilmenge G_1 der Menge X derart, daß $\psi'(y)$ ebenfalls Minorante der Funktion $\psi_{G_1}(y)$ auf F ist.*

Beweis: Wie gewöhnlich beschränken wir uns darauf, den ersten Teil des Lemmas zu beweisen.

Nach der Definition der Funktion $\varphi'(x)$ existiert zu einem beliebigen Punkt $x_0 \in G$ ein Punkt $y_0 = y(x_0) \in Y$ derart, daß

$$f(x_0, y_0) < \varphi'(x_0)$$

ist. Da die Funktion $f(x, y_0)$ bezüglich x nach oben halbstetig und $\varphi'(x)$ stetig ist, existiert eine Umgebung $\delta(x_0)$ des Punktes x_0 mit der Eigenschaft

$$f(x, y_0) < \varphi'(x), \quad \text{falls} \quad x \in \delta(x_0).$$

Es zeigt sich, daß das Kompaktum G von Umgebungen $\delta(x)$ überdeckt wird:

$$G \subset \bigcup_{x \in G} \delta(x).$$

Folglich existiert nach dem bekannten Satz von HEINE-BOREL eine endliche Punktfolge $x_1, x_2, \ldots, x_N \in G$ derart, daß

$$G \subset \bigcup_{\alpha=1}^{N} \delta(x_\alpha)$$

gilt. Wir setzen $F_1 = \bigcup_{\alpha=1}^{N} \{y_\alpha\}$ mit $y_\alpha = y(x_\alpha)$. Es sei x ein beliebiger Punkt aus dem Kompaktum G. Wir wählen einen Index i, so daß $x \in \delta(x_i)$ ist. Dann haben wir

$$f(x, y_i) < \varphi'(x) \text{ mit } y_i = y(x_i).$$

Jedoch ist $\varphi_{F_1}(x) = \min_{1 \leqq \alpha \leqq N} \varphi(x, y_\alpha) \leqq f(x, y_i)$

und folglich

$$\varphi_{F_1}(x) < \varphi'(x).$$

Damit ist das Lemma bewiesen.

Wir führen nun die *Optimalmengen* X^* und Y^* ein, d. h. die Mengen der Punkte, in denen die Funktionen $\varphi(x)$ bzw. $\psi(y)$ ihr Supremum bzw. ihr Infimum annehmen:

$$X^* = \{x \mid \varphi(x) = \sup_{x' \in X} \varphi(x'),\ x \in X\},$$

$$Y^* = \{y \mid \psi(y) = \inf_{y' \in Y} \psi(y'),\ y \in Y\}.$$

Ist die Menge X^* (Y^*) nicht leer und die Funktion $f(x, y)$ konkav (konvex) auf der konvexen Menge X (Y), so ist die Menge X^* (Y^*) konvex (verwendet man Lemma 3, so läßt sich dies leicht zeigen); ist zusätzlich dieselbe Funktion $f(x, y)$ stetig in $x \in X$ (in $y \in Y$), so ist X^* (Y^*) eine abgeschlossene Menge (das ergibt sich daraus, daß die Funktionen $\varphi(x)$ bzw. $\psi(y)$ von der entsprechenden Seite her halbstetig sind).

Satz 2: *Sei die Funktion $f(x, y)$ konkav in $x \in X$ und konvex in $y \in Y$, seien ferner X und Y konvexe Mengen, eine der Mengen X^* und Y^* nicht leer und beschränkt, wobei* *die Funktion $f(x, y)$ in dem entsprechenden Variablenvektor stetig und die entsprechende Menge X oder Y abgeschlossen ist. Dann gilt*

$$\sup_X \inf_Y f(x, y) = \inf_Y \sup_X f(x, y) .$$

Beweis: Wir setzen wie zuvor

$$v_1 = \sup_{x \in X} \varphi(x), \qquad v_2 = \inf_{y \in Y} \psi(y) .$$

Ohne die Allgemeinheit einzuschränken sei die Menge Y^* nicht leer und beschränkt, die Menge Y abgeschlossen und die Funktion $f(x, y)$ stetig in y für beliebiges festes $x \in X$. Zunächst setzen wir voraus, daß die Zahl v_2 endlich ist, d. h. unter Berücksichtigung von Lemma 2

$$-\infty \leqq v_1 \leqq v_2 < \infty . \tag{32}$$

Wäre die Menge Y beschränkt, so ergäbe sich die Behauptung von Satz 2 aus Satz 1. Wir wollen im weiteren Y als eine unbeschränkte Menge ansehen. Wir geben uns ein beliebiges $\varepsilon > 0$ vor und führen die Mengen

$$Y_\varepsilon = \{y \mid \varrho(y, Y^*) \leqq \varepsilon,\ y \in Y\},$$

$$\Gamma_\varepsilon = \{y \mid \varepsilon \leqq \varrho(y, Y^*) \leqq 2\varepsilon, y \in Y\}$$

ein, wobei $\varrho(y, Y)$ der Abstand des Punktes y von der Menge Y^* ist. Da Y^* beschränkt und Y unbeschränkt ist, sind die beiden eingeführten Mengen nicht leer und beschränkt. Außerdem sind sie offensichtlich abgeschlossen. Somit sind Y_ε und Γ_ε nicht leere Kompakte.

Wegen der Definition der Menge Γ_ε gilt

$$\psi(y) > v_2, y \in \Gamma_\varepsilon ,$$

d. h., v_2 ist eine Minorante der Funktion $\psi(y)$ auf Γ_ε. Folglich existiert nach Lemma 5 eine endliche Menge

$G_1 \subset X$ derart, daß

$$\psi_{G_1}(y) > v_2, \quad y \in \Gamma_\varepsilon$$

gilt. Ferner ist

$$\psi(y) > v_2 - \varepsilon, \quad y \in Y_\varepsilon.$$

Daher existiert eine endliche Menge $G_2 \subset X$, so daß

$$\psi_{G_2}(y) > v_2 - \varepsilon, \quad y \in Y_\varepsilon$$

ist. Wir setzen $G = G_1 \cup G_2 = \{x_1, x_2, \ldots, x_N\}$. Dann ist

$$\psi_G(y) \geqq \psi_{G_1}(y) > v_2, \quad y \in \Gamma_\varepsilon; \tag{33}$$

$$\psi_G(y) \geqq \psi_{G_2}(y) > v_2 - \varepsilon, \quad y \in Y_\varepsilon. \tag{34}$$

Wir werden zeigen, daß $\psi_G(y) > v_2$ für ein beliebiges $y \notin Y_\varepsilon$ gilt. Ist $y \in \Gamma_\varepsilon$, so ergibt sich dies aus (33). Sei nun $\varrho(y, Y^*) > 2\varepsilon$. Wir wählen einen beliebigen Punkt $y^* \in Y^*$ und betrachten die die Punkte y^* und y verbindende Strecke Δ. Wegen der Stetigkeit der Funktion $\varrho(y, Y^*)$ auf der Strecke Δ existiert ein Punkt $y' \in \Gamma_\varepsilon$. Nehmen wir $\psi_G(y) \leqq v_2$ an, so ist wegen $\psi_G(y^*) \leqq \psi(y^*) = v_2$, und weil die Funktion $\psi_G(y)$ konvex auf Y ist (s. Lemma 3),

$$\psi_G(y') \leqq \alpha \psi_G(y^*) + (1 - \alpha) \psi_G(y)$$

für $0 < \alpha < 1$, d. h., wir erhalten die Beziehung

$$\psi_G(y') \leqq v_2, \quad y' \in \Gamma_\varepsilon,$$

die mit (33) unvereinbar ist, und folglich ist unsere Behauptung bewiesen. Also gilt

$$\psi_G(y) > v_2 \quad \text{falls} \quad y \notin Y_\varepsilon.$$

Andererseits gilt für alle $y \in Y^*$ die Beziehung $\psi_G(y) \leqq \psi(y) = v_2$. Das bedeutet, wir erhalten für eine beliebige

Menge $F \supset Y_\varepsilon$

$$\inf_{y \in F} \psi_G(y) = \inf_{y \in Y_\varepsilon} \psi_G(y). \tag{35}$$

Wir geben uns eine Folge konvexer Kompakte $F_1 \subset F_2 \subset \ldots \subset F_k \subset \ldots$ derart vor, daß $Y_\varepsilon \subset F_1$, $\bigcup_k F_k = Y$ ist. Wegen (34) und (35) ist

$$\inf_{y \in F_k} \psi_G(y) > v_2 - \varepsilon, \qquad k = 1, 2, \ldots. \tag{36}$$

Wir erinnern uns, daß

$$\psi_G(y) = \max_{1 \leqq i \leqq N} f(x_i, y)$$

gilt. Offensichtlich kann man $\psi_G(y)$ auch noch wie folgt darstellen:

$$\psi_G(y) = \max_{\xi \in S} \sum_{i=1}^{N} f(x_i, y) \xi_i$$

mit

$$S = \left\{ \xi = (\xi_1, \xi_2, \ldots, \xi_N) \,\middle|\, \sum_{i=1}^{N} \xi_i = 1,\ \xi_i \geqq 0,\ i = 1, \ldots, N \right\}.$$

Wir setzen

$$\tilde{f}(\xi, y) = \sum_{i=1}^{N} f(x_i, y) \xi_i .$$

Dann kann man (36) in die Gestalt

$$\inf_{y \in F_k} \sup_{\xi \in S} \tilde{f}(\xi, y) > v_2 - \varepsilon, \qquad k = 1, 2, \ldots,$$

umschreiben. Die Funktion $\tilde{f}(\xi, y)$ ist linear in ξ und konvex in y, die Mengen S und F_k sind konvexe Kompakte. Folglich gilt nach Satz 1

$$\sup_{\xi \in S} \inf_{y \in F_k} \tilde{f}(\xi, y) = \inf_{y \in F_k} \sup_{\xi \in S} \tilde{f}(\xi, y) > v_2 - \varepsilon, \qquad k = 1, 2, \ldots. \tag{37}$$

Es sei $\sup_{\xi \in S} \inf_{y \in Y} \bar{f}(\xi, y) = v$. Offenbar gilt dann für beliebiges natürliches k

$$\sup_{\xi \in S} \inf_{y \in F_k} \bar{f}(\xi, y) \geqq v.$$

Andererseits existiert nach Lemma 5 für ein beliebiges $\delta > 0$ ein $k(\delta)$ derart, daß für $k \geqq k(\delta)$

$$\sup_{\xi \in S} \inf_{y \in F_k} \bar{f}(\xi, y) \leqq v + \delta$$

gilt. Folglich ist

$$\lim_{k \to \infty} \sup_{\xi \in S} \inf_{y \in F_k} \bar{f}(\xi, y) = v. \tag{38}$$

Aus (37) und (38) erhalten wir

$$\sup_{\xi \in S} \inf_{y \in Y} \bar{f}(\xi, y) = v \geqq v_2 - \varepsilon. \tag{39}$$

Da die Funktion $f(x, y)$ in x für beliebiges $y \in Y$ konkav ist, haben wir

$$\bar{f}(\xi, y) = \sum_{i=1}^{N} f(x_i, y)\, \xi_i \leqq f\left(\sum_{i=1}^{N} \xi_i x_i, y\right), \qquad \xi \in S.$$

Daher ist

$$\inf_{y \in Y} f(\xi, y) \leqq \inf_{y \in Y} f(x_\xi, y), \qquad x_\xi = \sum_{i=1}^{N} \xi_i x_i \in X,$$

und folglich

$$\sup_{\xi \in S} \inf_{y \in Y} \bar{f}(\xi, y) \leqq \sup_{x \in X} \inf_{y \in Y} f(x, y) = v_1. \tag{40}$$

Vergleichen wir (39) und (40), so erhalten wir $v_2 \leqq v_1 + \varepsilon$ oder unter Berücksichtigung der Tatsache, daß $\varepsilon > 0$ beliebig war

$$v_2 \leqq v_1.$$

Rufen wir uns nun (32) ins Gedächtnis, so erhalten wir schließlich $v_1 = v_2$.

Um den Beweis des Satzes zu vollenden, bleibt noch der Fall zu analysieren, in dem v_2 keine endliche Zahl ist. Ist $v_2 = -\infty$, so ergibt sich die Behauptung des Satzes aus Lemma 2. Ist dagegen $v_2 = \infty$, so ist $\psi(y) \equiv \infty$, d. h., $Y = Y^*$ ist ein Kompaktum, und die Behauptung des Satzes ergibt sich aus Satz 1.

Satz 2 ist somit vollständig bewiesen.

3. Dualitätssätze

Wir kehren zum konvexen Optimierungsproblem (1)—(3) zurück und wollen versuchen, darauf Satz 2 anzuwenden. Wenn wir voraussetzen, daß die Bedingungen von Satz 2 für das Ausgangsproblem (1)—(3) oder das duale Problem (9)—(11) eingehalten werden, gelangen wir zu zwei verschiedenen Dualitätssätzen.

Satz 3: *Seien die Funktionen $f(x)$ und $f_i(x)$ mit $i = 1, 2, \ldots, m$ auf der als abgeschlossen vorausgesetzten Menge G stetig; die Optimalmenge von Problem* (1)—(3) *sei nicht leer und beschränkt. Dann besteht zwischen dem konvexen Optimierungsproblem* (1)—(3) *und dem zu ihm dualen Problem die Dualitätsbeziehung*

$$v = \tilde{v}.$$

Beweis: Wir betrachten die LAGRANGEsche Funktion

$$F(x, y) = f(x) + \sum_{i=1}^{m} y_i f_i(x).$$

Nach Voraussetzung von Satz 3 ist die Funktion $F(x, y)$ eine stetige konkave Funktion in $x \in G$ für beliebiges $y \geqq 0$. Weiter ist nach Lemma 1 das Problem (1)—(3) äquivalent zum Problem

$$\varphi(x) = \inf_{y \geqq 0} F(x, y) \to \sup, \qquad x \in G,$$

d. h., die Suprema v und v' beider Probleme sind gleich, und die Menge $X^* = \{x \mid \varphi(x) = v, x \in G\}$ fällt mit der Optimalmenge von Problem (1)—(3) zusammen. Wir wenden nun Satz 2 an und setzen

$$f(x, y) = F(x, y), \quad x \in X = G, \quad y \in Y = \{y \mid y \geqq 0\}.$$

Da $f(x, y)$ außer der notwendigen Eigenschaft, konvex zu sein, auch in x stetig, G eine abgeschlossene Menge und X^* nicht leer und beschränkt ist, gilt

$$v = \sup_{x \in G} \inf_{y \geqq 0} F(x, y) = \tilde{v} = \inf_{y \geqq 0} \sup_{x \in G} F(x, y),$$

und Satz 3 ist bewiesen.

Wir wollen sagen, daß die Restriktionen von Problem (1)—(3) der SLATER-*Bedingung* [12] genügen, falls ein Punkt $x' \in G$ derart existiert, daß $f_i(x') > 0$ für $i = 1, 2, \ldots, m$ gilt.

Satz 4: *Erfüllen die Restriktionen des konvexen Optimierungsproblems* (1)—(3) *die* SLATER-*Bedingung, so gilt die Dualitätsrelation* $v = \tilde{v}$, *wobei das Infimum im Falle* $v < \infty$ *im Dualproblem angenommen wird.*

Beweis: Wir setzen wiederum $f(x, y) = F(x, y)$, $X = G$, $Y = \{y \mid y \geqq 0\}$. Da $f(x, y)$ linear und damit in y auch stetig für festes $x \in X$ ist, sowie Y eine abgeschlossene Menge darstellt, genügt es wegen Lemma 1 und Satz 2 zum Beweis der Dualitätsrelation zu sichern, daß die Menge

$$Y^* = \{y \mid \psi(y) = \tilde{v}, \ y \geqq 0\}$$

nicht leer und beschränkt ist. Wir werden uns damit nun beschäftigen. Setzen wir $\tilde{v} < \infty$ voraus (der Satz ist auch ohne diese Zusatzforderung richtig, hier wird jedoch ein Beweis für den Fall $\tilde{v} = \infty$ nicht gebracht). Wir wählen jetzt einen beliebigen Punkt $y' \geqq 0$, für den

$\psi(y') < \infty$ ist. Für beliebiges $y \geqq 0$ haben wir

$$\psi(y) = \sup_{x \in G} \left[f(x) + \sum_{i=1}^{m} y_i f_i(x) \right]$$

$$\geqq f(x') + \sum_{i=1}^{m} y_i f_i(x') \geqq f(x') + \min_i f_i(x') \sum_{i=1}^{m} y_i$$

$$= f(x') + \alpha \sum_{i \geqq 1}^{m} y_i$$

mit $\alpha = \min_i f_i(x') > 0$, wobei $x' \in G$ der Punkt ist, in dem die SLATER-Bedingung realisiert wird.

Sei

$$y \geqq 0, \qquad \sum_{i \geqq 1}^{m} y_i > \frac{\psi(y') - f(x')}{\alpha} = A,$$

dann ist $\psi(y) > \psi(y') \geqq \tilde{v}$. Folglich ist die Menge Y^* (falls sie nicht leer ist) eine Teilmenge der beschränkten Menge

$$Q = \left\{ y \,|\, y \geqq 0, \quad \sum_{i=1}^{m} y_i \leqq A \right\}.$$

Weiter ist

$$\tilde{v} = \inf_{y \geqq 0} \psi(y) = \inf_{y \in Q} \psi(y).$$

Andererseits ist die Funktion $\psi(y)$ nach unten halbstetig (Lemma 4) und nimmt folglich ihr Infimum auf dem Kompaktum Q an. Somit ist Y eine nichtleere beschränkte Menge und der Satz bewiesen.

Wenn die Restriktionen des Problems die SLATER-Bedingung erfüllen, so können sie offensichtlich keine linearen Gleichungen $l(x) = b$, d. h. keine Paare linearer Ungleichungen $l(x) \geqq b$, $-l(x) \geqq -b$, enthalten. Jedoch wird die SLATER-Bedingung nach einer gewissen Umformung von diesem Mangel befreit. Wir lassen zu, daß die Restriktionen (2) des Problems (1)—(3) die Form

$$\begin{aligned} f_i(x) &\geqq 0, \qquad i = 1, 2, \ldots, m; \\ l_i(x) &= b_i, \qquad i = 1, 2, \ldots, s, \end{aligned} \tag{41}$$

besitzen, wobei $l_i(x)$, $i = 1, 2, \ldots, s$, ein System linear unabhängiger Linearformen ist.

Bringt man die Restriktionen (41) auf ein äquivalentes Ungleichungssystem und bildet man das zu (1), (41), (3) duale Problem, so erhält es nach offensichtlichen Umformungen die Gestalt

$$\psi(y) = \sup_{x \in G} \left\{ f(x) + \sum_{i=1}^{m} y_i f_i(x) + \sum_{i=1}^{s} y_{m+i} [l_i(x) - b_i] \right\},$$

$$y = (y_1, y_2, \ldots, y_{m+s}), \tag{42}$$

$$\psi(y) \to \inf, \tag{43}$$

$$y_i \geqq 0, \qquad i = 1, 2, \ldots, m.$$

Wir werden sagen, daß die Restriktionen von Problem (1), (41), (3) der *modifizierten* SLATER-*Bedingung* genügen, wenn ein Punkt x' derart existiert, daß

$$f_i(x') > 0, \quad i = 1, 2, \ldots, m; \quad l_i(x') = b_i, \quad i = 1, 2, \ldots, s,$$

gilt, und x' innerer Punkt der Menge G ist. Man kann sich leicht davon überzeugen (beispielsweise analog zum Beweis von Satz 4), daß aus der modifizierten SLATER-Bedingung folgt, daß die Menge Y^* nicht leer und beschränkt ist. Daher ergibt sich aus Satz 2 (unter Berücksichtigung von Lemma 1) als Folgerung die folgende Aussage:

Satz 5: *Erfüllen die Restriktionen des konvexen Optimierungsproblems* (1), (41), (3) *die modifizierte* SLATER-*Bedingung, so hängt dieses Problem mit dem dualen Problem* (42)—(44) *über die Dualitätsrelation* $v = \tilde{v}$ *zusammen, wobei das Infimum im dualen Problem im Falle* $v < \infty$ *angenommen wird.*

Befände sich unter den Forderungen der modifizierten Slater-Bedingung nicht die Voraussetzung, daß x' innerer Punkt der Menge G sein soll (wir werden die letzte Forderung im folgenden kurz G-Bedingung nennen), so enthielte Satz 5 insbesondere den Dualitätssatz der linearen Optimierung. Wir bringen ein Beispiel, das zeigt, daß sogar bei Anwesenheit nur einer linearen Restriktion die G-Bedingung im allgemeinen nicht weggelassen werden kann. Wir setzen

$$f(x) = -\exp\{-(x_1 x_3)^{1/2}\},$$

$$l_1(x) - b_1 = x_2, \qquad G = \{x = (x_1, x_2) \mid x_1 \geqq 0,\ x_2 \geqq 0\}.$$

Das entsprechende Problem hat die Gestalt

$$-\exp\{-(x_1 x_2)^{1/2}\} \to \sup,$$

$$x_2 = 0,$$

$$x_1 \geqq 0, \qquad x_2 \geqq 0.$$

Man prüft leicht nach, daß $f(x)$ eine konkave Funktion ist, so daß das formulierte Problem ein konvexes Optimierungsproblem ist. Die Forderungen der modifizierten Slater-Bedingung sind mit Ausnahme der G-Bedingung offensichtlich eingehalten worden (das Problem enthält keine nichtlinearen Restriktionen). Wir beweisen, daß im vorliegenden Falle die Dualitätsrelation nicht gilt. Es ist nämlich

$$v = \sup_{x \in R} f(x) = -1.$$

Andererseits ist für $y_1 > 0$ und $x_1 \geqq 0$

$$\lim_{x_2 \to \infty} [-\exp\{-(x_1 x_2)^{1/2}\} + y_1 x_2] = \infty.$$

Folglich gilt für $y_1 > 0$

$$\psi(y_1) = \sup_{x_1 \geqq 0,\ x_2 \geqq 0} [-\exp\{-(x_1 x_2)^{1/2}\} + y_1 x_2] = \infty.$$

Sei nun $y_1 \leqq 0$. Dann ist für beliebige $x_1, x_2 \geqq 0$

$$-\exp\{-(x_1 x_2)^{1/2}\} + y_1 x_2 \leqq 0,$$

wobei

$$\lim_{k\to\infty} [-\exp\{-(x_1^{(k)} x_2^{(k)})^{1/2}\} + y_1 x_2^{(k)}] = 0,$$

falls $x_1^{(k)} = k^2$, $x_2^{(k)} = \dfrac{1}{k}$ ist. Daher gilt

$$\psi(y_1) = \sup_{x_1 \geqq 0,\, x_2 \geqq 0} [-\exp\{-(x_1 x_2)^{1/2}\} + y_1 x_1] = 0.$$

Also ist

$$\psi(y_1) = \begin{cases} \infty \text{ für } y_1 > 0, \\ 0 \quad \text{für } y_1 \leqq 0. \end{cases}$$

Folglich gilt

$$\tilde{v} = \inf_{y_1} \psi(y_1) = 0 > v = -1.$$

Wir wollen bei einer speziellen Klasse konvexer Optimierungsprobleme verweilen, nämlich bei den gewöhnlich als *stückweise linear* bezeichneten. Diese Klasse enthält insbesondere das allgemeine lineare Optimierungsproblem.

Wir wollen sagen, daß $f(x)$ eine *stückweise lineare konkave* Funktion ist, falls

$$f(x) = \min_k \left\{ \sum_{j=1}^{n} d_j^{(k)} x_j + d^{(k)} \right\}$$

gilt, d. h., wenn sie als Minimum endlich vieler bis auf die Reihenfolge eindeutig bestimmter linearer Funktionen darstellbar ist. Problem (1)—(3) heißt ein *stückweise lineares Optimierungsproblem*, falls f und f_i, $i = 1, 2, \ldots, m$, stückweise lineare konkave Funktionen sind und G eine konvexe polyedrische Menge ist.

Satz 6: *Ist* (1)—(3) *ein stückweise lineares Optimierungsproblem mit nichtleerer Restriktionsmenge* R, *so hängen die Probleme* (1)—(3) *und* (9)—(11) *über die Dualitätsrelation miteinander zusammen, wobei im Fall* $v = \tilde{v} < \infty$ *das Supremum im Primalproblem und das Infimum im Dualproblem in zulässigen Punkten der entsprechenden Probleme angenommen werden.*

Beweis: Der Fall $v = \infty$ ist offensichtlich (s. Lemma 2). Daher setzen wir $v < \infty$ voraus. Die unten durchzuführende Konstruktion ist wesentlich allgemeiner als beim Beweis von Satz 1. Der Unterschied hängt mit der Linearität der Lagrange-Funktion $F(x, y)$ in y zusammen, die die Möglichkeit gibt, sich nur auf die Betrachtung linearer Funktionen $\varphi(y)$ zu beschränken, deren jede durch $m + 1$ Zahlen definiert ist. Folglich geht die Rolle des Raumes der stetigen Funktionen auf den $(m + 1)$-dimensionalen Raum über. Sei also K die Menge der Punkte $z = (z_0, z_1, \ldots, z_m)$ des $(m + 1)$-dimensionalen Raumes, die durch die folgende Bedingung definiert ist: $z \in K$ dann und nur dann, wenn ein Punkt $x \in G$ existiert, so daß

$$z_0 \leqq f(x), \qquad z_i \leqq f_i(x), \qquad i = 1, 2, \ldots, m, \tag{45}$$

gilt.

Wir werden zeigen, daß K eine konvexe polyedrische Menge ist. Zunächst betrachten wir die Menge $\bar{K}$ der durch die Ungleichungen (45) und die Bedingung (3) definierten Punkte $w = (z, x)$. Da f, f_i konkave stückweise lineare Funktionen sind, und G eine konvexe polyedrische Menge ist, ist $\bar{K}$ eine konvexe polyedrische Menge. Folglich ist K als Projektion der Menge $\bar{K}$ auf den Raum der Punkte z ebenfalls eine konvexe polyedrische Menge. Wir definieren nun im $(m + 1)$-dimensionalen Raum den Strahl l: $z_0 \geqq v$, $z_i = 0$, $i = 1, 2, \ldots, m$. Da die Menge K abgeschlossen ist, ist der Punkt $z^* = (v, 0, \ldots, 0) \in K$ (daraus folgt insbesondere, daß das Supremum v im Ausgangsproblem angenommen wird).

Die restlichen Punkte des Strahles l liegen außerhalb von K (sonst existierten Lösungen von Problem (1)–(3), für die die Funktion $f(x)$ Werte annehmen würde, die größer als v sind). Somit ist z^* ein Randpunkt von K. Die polyedrische Menge K ist der Durchschnitt endlich vieler von Hyperebenen erzeugten Halbräumen. Wir betrachten diejenigen davon, die durch den Punkt z^* gehen. Unter diesen Hyperebenen sind sicher solche, die nicht parallel zur z_0-Achse liegen (anderenfalls enthielt die Menge K von z^* verschiedene Punkte des Strahles l). Sei Π eine davon und $(\lambda_0, \lambda) = (\lambda_0, \lambda_1, \lambda_3, \ldots, \lambda_m)$ ihr Richtungsvektor. Die Hyperebene Π ist Stützhyperebene an K im Punkt z^* mit $\lambda_0 \neq 0$. Das bedeutet, daß

$$\lambda_0 z_0 + \sum_{i=1}^{m} \lambda_i z_i \leqq \lambda_0 v, \quad z \in K, \tag{46}$$

gilt. Aus der Gestalt der Menge K folgt, daß (46) nur für

$$\lambda_0 \geqq 0, \ \lambda_i \geqq 0, \ i = 1, 2, \ldots, m,$$

gelten kann.

Somit ist $\lambda_0 > 0$, $\lambda = (\lambda_1, \lambda_2, \ldots, \lambda_m) \geqq 0$. Wir setzen

$$\lambda^* = \frac{\lambda}{\lambda_0}; \quad (z_0, z_1 \ldots, z_m) = \big(f(x), f_1(x), \ldots, f_m(x)\big), \quad x \in G.$$

Dann gilt wegen (46) für beliebiges $x \in G$

$$f(x) + \sum_{i=1}^{m} \lambda_i^* f_i(x) \leqq v,$$

d. h.

$$\psi(\lambda^*) = \sup_{x \in G} F(x, \lambda^*) \leqq v.$$

Aber nach Lemma 2 ist $v \leqq \tilde{v} \leqq \psi(\lambda^*)$. Folglich gilt $v = \tilde{v} = \psi(\lambda^*)$, und der Satz ist bewiesen.

Wie wir schon bemerkt haben, führt der Verzicht auf die G-Bedingung in der modifizierten Slater-Bedingung im allgemeinen dazu, daß die Dualitätsrelation verletzt wird. Die weiter unten formulierte Aussage sondert eine

Klasse konvexer Optimierungsprobleme aus, für die die G-Bedingung weggelassen werden kann.

Satz 7: *Es seien die Funktionen* $f_i(x)$ *im konvexen Optimierungsproblem* (1)—(3) *für* $i = 1, 2, \ldots, m_1 < m$ *auf einer offenen Menge* $S \supset G$ *konkav und für* $i = m_1 + 1, \ldots, m$ *stückweise linear; die Funktion* $f(x)$ *sei konkav auf* S *und* G *eine polyedrische Menge. Existiert ein zulässiger Punkt* $x^{(0)}$ *von Problem* (1)—(3), *für den* $f_i(x^{(0)}) > 0$, $i = 1, 2, \ldots, m_1$, *gilt, so hängen die Probleme* (1)—(3) *und* (9)—(11) *über die Dualitätsrelation zusammen, wobei im Falle* $v = \tilde{v} < \infty$ *das Infimum im Dualproblem angenommen wird.*

Der Beweis des Satzes stützt sich auf die folgende Hilfsaussage.

Lemma 6: *Ist* $f(x)$ *eine auf einer offenen konvexen Menge* S *definierte konkave Funktion,* $\Delta \subset S$ *eine konvexe Menge und* $\sup_{x \in \Delta} f(x) = \alpha < \infty$, *so existiert eine lineare Funktion* $l(x)$ *und eine Zahl* l_0 *derart, daß*

$$f(x) \leqq l(x) + l_0, \quad x \in S; \tag{47}$$

$$\sup_{x \in \Delta} [l_{(x)} + l_0] = \alpha. \tag{48}$$

Beweis: Es sind zwei Fälle möglich:

$$\alpha = \sup_{x \in S} f(x) \text{ und } \alpha < \sup_{x \in S} f(x).$$

Im ersten Fall ist offenbar die lineare Funktion $l(x) \equiv 0$, und die Zahl $l_0 = \alpha$ erfüllt die Forderungen (47) und (48) aus dem Lemma.

Daher wenden wir uns dem zweiten Fall zu, dessen Begründung den Hauptteil im Beweis des Lemmas darstellt.

Wir führen die Menge $\Gamma = \{x \mid f(x) > \alpha, x \in S\}$ ein. Nach Voraussetzung ist $\Gamma \neq \emptyset$. Da S eine offene konvexe Menge und $f(x)$ eine konkave Funktion ist, ist Γ eine offene konvexe Menge. Gemäß Definition ist $\Delta \cap \Gamma = \emptyset$. Folglich existiert nach dem Trennungssatz eine lineare Funktion $g(x) \not\equiv 0$ derart, daß

$$\sup_{x \in \Delta} g(x) \leqq \gamma \leqq \inf_{x \in \Gamma} g(x) \tag{49}$$

gilt, wobei $\{x \mid g(x) = \gamma\}$ die trennende Hyperebene ist.

Ist L der Raum der reellen Zahlen und E der Raum der Punkte x, der die Menge S enthält, dann definieren wir im Raum $\bar{E} = E \times L$ die Menge

$$C = \{\bar{x} = (x, x_0) \mid x_0 < f(x),\ x \in S\}$$

und die lineare Mannigfaltigkeit (Hyperebene)

$$H \doteq \{\bar{x} = (x_1 x_0) \mid g(x) = \gamma,\ x_0 = \alpha\}.$$

Wir zeigen, daß $C \cap H = \emptyset$ gilt. Im entgegengesetzten Falle hätten wir für einen gewissen Punkt $x' \in S$

$$f(x) > \alpha, \qquad g(x') = \gamma. \tag{50}$$

Da jedoch x' zusammen mit einer hinreichend kleinen Umgebung zu Γ gehört, gilt infolge von (49)

$$\gamma \leqq g(x' + x) \quad \text{für} \quad |x| \leqq \varepsilon$$

(ε irgendeine positive Zahl) oder wegen (50)

$$g(x) \geqq 0, \quad \text{falls} \quad |x| \leqq \varepsilon,$$

was nur für $g(x) \equiv 0$ möglich ist.

Folglich können die Beziehungen (50) nicht gelten, d. h., es ist $C \cap H = \emptyset$. Außerdem ist C eine konvexe Menge. Daher existiert wiederum nach dem Satz über trennende Hyperebenen eine lineare Funktion $\bar{g}(\bar{x}) = g'(x) + g_0(x_0) \not\equiv 0$ derart, daß gilt

$$g'(x) + g_0 \alpha = \sigma \quad \text{für} \quad g(x) = \gamma, \tag{51}$$

$$g'(x) + g_0 x_0 \geqq \sigma \ \text{für} \ x_0 < f(x),\ x \in S. \tag{52}$$

Aus (52) ergibt sich $g_0 \leqq 0$. Der Fall $g_0 = 0$ ist unmöglich. Nehmen wir nämlich das Gegenteil an und wählen wir ein $x' \in S$, für das $g(x') = \gamma$ ist (ein derartiges x existiert sicher auf Grund von (49)), so erhalten wir gemäß (51) und (52)

$$g'(x - x') \geqq 0 \quad \text{für} \quad x \in S.$$

Die letztere Beziehung ist nur für $g'(x) \equiv 0$ möglich (S ist eine offene Menge). Also ergibt sich aus $g_0 = 0$ die Aussage $\bar{g}(\bar{x}) \equiv 0$, was der Wahl von $\bar{g}(x)$ widerspricht. Folglich ist $g_0 \neq 0$, d. h. $g_0 < 0$. Aus (52) folgt

$$f(x) \leqq \left(-\frac{1}{g_0}\right) g'(x) + \frac{\sigma}{g_0}, \quad x \in S. \tag{53}$$

Setzen wir $g''(x) = -\dfrac{g'(x)}{g_0}$, $\sigma' = \dfrac{\sigma}{g_0}$, so kann man die Beziehungen (51) und (53) in die Gestalt

$$g''(x) + \sigma' = \alpha \quad \text{für} \quad g(x) = \gamma, \tag{54}$$

$$g''(x) + \sigma' \geqq f(x) \quad \text{für} \quad x \in S \tag{55}$$

überführen. Wir zeigen, daß aus (54)

$$g''(x) \equiv \gamma_1 g(x) \tag{56}$$

mit einer gewissen Zahl γ_1 folgt. Wir wählen einen Vektor $x^{(1)}$ mit $g(x^{(1)}) = 1$. Dann gilt für einen beliebigen Vektor x die Darstellung

$$x = g(x)x^{(1)} + x^{(2)} \text{ mit } g(x^{(2)}) = 0.$$

Ist $x^{(3)}$ ein Vektor mit $g(x^{(3)}) = \gamma$, so erhalten wir für $x^{(4)} = x^{(2)} + x^{(3)}$

$$x^{(2)} = x^{(4)} - x^{(3)}, \quad g(x^{(4)}) = g(x^{(3)}) = \gamma.$$

Also ist

$$x = g(x) \cdot x^{(1)} + x^{(4)} - x^{(3)}.$$

Wegen (54) gilt $g''(x^{(4)}) = g''(x^{(3)}) = \alpha - \sigma'$. Folglich haben wir für einen beliebigen Vektor x

$$g''(x) = g(x)g''(x^{(1)}),$$

was für

$$\gamma_1 = g''(x^{(1)})$$

zu (56) äquivalent ist.

Wir zeigen $\gamma_1 \geqq 0$. Angenommen γ_1 ist kleiner als Null. Nach (55) gilt für beliebiges $x \in \Gamma$

$$g''(x) > \alpha - \sigma'$$

oder wegen (56)

$$g''(x) < \frac{\alpha - \sigma'}{\gamma_1} = \gamma,$$

was (49) widerspricht und unsere Behauptung beweist.

Aus (49) und (56) erhalten wir

$$\sup_{x \in \Delta} g''(x) = \gamma_1 \sup_{x \in \Delta} g(x) \leqq \gamma_1 \gamma = \alpha - \sigma'.$$

Andererseits gilt wegen (55)

$$\sup_{x \in \Delta} g''(x) \geqq \sup_{x \in \Delta} f(x) - \sigma' = \alpha - \sigma'.$$

Also ist

$$\sup_{x \in \Delta} g''(x) = \alpha - \sigma'.$$

Die erhaltene Ungleichung und die Beziehung (55) bedeuten, daß die lineare Funktion $l(x) = g''(x)$ und die Zahl $l_0 = \sigma'$ den Bedingungen (47) und (48) aus dem Lemma genügen und folglich die gesuchten sind. Das Lemma ist bewiesen.

Beweis von Satz 7: Ohne Beschränkung der Allgemeinheit werden wir $v < \infty$ annehmen. Wir setzen

$$G_1 = \{x \mid f_i(x) \geqq 0, \ i = m_1 + 1, \ldots, m; \ x \in G\}$$

und schreiben das Problem (1)—(3) in der äquivalenten Form

$$f(x) \to \sup, \tag{57}$$

$$f_i(x) \geqq 0, \quad i = 1, 2, \ldots, m_1; \tag{58}$$

$$x \in G_1. \tag{59}$$

Nach Voraussetzung erfüllt das Problem (57)—(59) die SLATER-Bedingung. Folglich existiert nach Satz 4 ein Vektor $(\lambda_1^*, \lambda_2^*, \ldots, \lambda_{m_1}^*) \geqq 0$ derart, daß

$$\sup_{x \in G_1} \left[f(x) + \sum_{i=1}^{m_1} \lambda_i^* f_i(x) \right] = v \tag{60}$$

gilt. Wir setzen

$$f'(x) = f(x) + \sum_{i=1}^{m_1} \lambda_i^* f_i(x).$$

Die Funktion $f'(x)$ ist auf der offenen Menge $S \supset G \supset G_1$ konkav. Folglich existieren nach Lemma 6 ein Vektor l und eine Zahl l_0 derart, daß

$$f'(x) \leqq (l, x) + l_0, \quad x \in S; \tag{61}$$

$$\sup_{x \in G_1} f'(x) = \sup_{x \in G_1} [(l, x) + l_0]$$

gilt. Wenn wir (60) berücksichtigen, können wir die letzte Gleichung in der Form

$$\sup_{x \in G_1} [(l, x) + l_0] = v \tag{62}$$

schreiben.

Wir betrachten das stückweise lineare Optimierungsproblem

$$(l, x) \to \sup,$$

$$f_i(x) \geqq 0, \quad i = m_1 + 1, \ldots, m; \quad x \in G,$$

mit nach Voraussetzung nicht leerer Restriktionenmenge. Aus Satz 6 und der Gleichung (62) folgt die Existenz eines Vektors

$$(\lambda^*_{m+1}, \ldots, \lambda_m^*) \geqq 0$$

derart, daß

$$\sup_{x \in G} \left[(l, x) + \sum_{i=m+1}^{m} \lambda_i^* f_i(x) \right] = v - l_0 \qquad (63)$$

gilt. Wenn wir ferner (61), (63) und die Gestalt der Funktion $f'(x)$ berücksichtigen, erhalten wir

$$\psi(\lambda^*) = \sup_{x \in G} \left[f(x) + \sum_{i=1}^{m} \lambda_i^* f_i(x) \right] \leqq v,$$

d. h.

$$\tilde{v} = \inf_{\lambda \geqq 0} \psi(\lambda) \leqq \psi(\lambda) \leqq v.$$

Aber nach Lemma 2 ist $\tilde{v} \geqq v$. Also gilt

$$v = \tilde{v} = \psi(\lambda^*),$$

und der Satz ist bewiesen.

Wir bemerken, daß der Dualitätssatz für lineare Optimierungsprobleme ein Spezialfall von Satz 7 ist.

4. Duale Probleme, Sattelpunktprobleme, Optimalitätskriterien

Sei $f(x, y)$ eine Funktion eines Paares von Vektorargumenten x und y, die in endlich-dimensionalen konvexen Mengen X bzw. Y liegen. Wie wir wissen, erzeugt die Funktion $f(x, y)$ ein Paar dualer Probleme

$$\varphi(x) \to \sup, \quad x \in X; \qquad (64)$$

$$\psi(y) \to \inf, \quad y \in Y \qquad (65)$$

mit

$$\varphi(x) = \inf_{y \in Y} f(x, y), \qquad \psi(y) = \sup_{x \in X} f(x, y).$$

Das Paar dualer Probleme (64), (65) ist eng mit der Aufgabe verbunden, Sattelpunkte der Funktion $f(x, y)$ zu bestimmen. Wir werden uns damit beschäftigen, diesen Zusammenhang aufzuklären.

Die Folge $\{x^{(k)}, y^{(k)}\}$, $x^{(k)} \in X$, $y^{(k)} \in Y$ werden wir *verallgemeinerten Sattelpunkt* der Funktion $f(x, y)$ für $x \in X$, $y \in Y$ nennen, falls

$$\overline{\lim_{k\to\infty}} \sup_{x \in X} f(x, y^{(k)}) \leqq \underline{\lim_{k\to\infty}} \inf_{y \in Y} f(x^{(k)}, y) \tag{66}$$

gilt. Offenbar ist

$$\overline{\lim_{k\to\infty}} f(x^{(k)}, y^{(k)}) \leqq \overline{\lim_{k\to\infty}} \sup_{x \in X} f(x, y^{(k)}),$$

$$\underline{\lim_{k\to\infty}} f(x^{(k)}, y^{(k)}) \geqq \underline{\lim_{k\to\infty}} \inf_{y \in Y} f(x^{(k)}, y).$$

Hieraus und aus (66) erhalten wir, daß dann für einen verallgemeinerten Sattelpunkt $\{x^{(k)}, y^{(k)}\}$

$$\overline{\lim_{k\to\infty}} f(x^{(k)}, y^{(k)}) \leqq \overline{\lim_{k\to\infty}} \sup_{x \in X} f(x, y^{(k)})$$
$$\leqq \underline{\lim_{k\to\infty}} \inf_{y \in Y} f(x^{(k)}, y) \leqq \underline{\lim_{k\to\infty}} f(x^{(k)}, y^{(k)}).$$

Außerdem haben wir offensichtlich

$$\underline{\lim_{k\to\infty}} \sup_{x \in X} f(x, y^{(k)}) \geqq \overline{\lim_{k\to\infty}} \inf_{y \in Y} f(x)^{(k)}, y).$$

Folglich können die Bedingungen (66) in der folgenden äquivalenten Form geschrieben werden:

$$\lim_{k\to\infty} \sup_{x \in X} f(x, y^{(k)}) = \lim_{k\to\infty} f(x^{(k)} y^{(k)}) = \lim_{k\to\infty} \inf_{y \in Y} f(x^{(l)}, y). \tag{67}$$

Wir nehmen an, daß der verallgemeinerte Sattelpunkt $\{x^{(k)}, y^{(k)}\}$ eine stationäre Folge ist, d. h., daß $\{x^{(l)}, y^{(k)}\} = \{x^{(0)}, y^{(0)}\}$ gilt.

Aus der Bedingung (67) für einen verallgemeinerten Sattelpunkt erhalten wir in diesem Fall

$$\sup_{x \in X} f(x, y^{(0)}) = f(x^{(0)}, y^{(0)}) = \inf_{y \in Y} f(x^{(0)}, y)$$

oder

$$f(x, y^{(0)}) \leqq f(x^{(0)}, y^{(0)}) \leqq f(x^{(0)}, y), \quad x \in X, \quad y \in Y,$$

d. h. die gewöhnliche Definition für einen Sattelpunkt. Somit ist der Begriff des verallgemeinerten Sattelpunktes eine natürliche Verallgemeinerung des Sattelpunktbegriffes auf Folgen. Die im folgenden Satz formulierte Aussage führt die Existenz eines verallgemeinerten Sattelpunktes auf die Frage nach der Dualitätsrelation für das entsprechende Paar dualer Probleme zurück.

Satz 8: *Für die Existenz eines verallgemeinerten Sattelpunktes der Funktion* $f(x, y)$ *mit* $x \in X, y \in Y$ *ist notwendig und hinreichend, daß die Probleme* (64) *und* (65) *über die Dualitätsrelation*

$$\sup_X \varphi(x) = \inf_Y \psi(y)$$

zusammenhängen. Dabei bildet ein beliebiges Paar $\{x^{(k)}\}$ *und* $\{y^{(k)}\}$ *von Lösungsfolgen der Probleme* (64) *und* (65) *einen verallgemeinerten Sattelpunkt der Funktion* $f(x, y)$ *mit* $x \in X$, $y \in Y$, *und umgekehrt definiert ein verallgemeinerter Sattelpunkt* $\{x^{(k)}, y^{(k)}\}$ *der Funktion* $f(x, y)$ *mit* $x \in X, y \in Y$ *Lösungsfolgen* $\{x^{(k)}\}$ *bzw.* $\{y^{(k)}\}$ *für die Probleme* (64) *bzw.* (65).

Beweis: 1. Habe $f(x, y)$ einen verallgemeinerten Sattelpunkt in $\{x^{(k)}, y^{(k)}\}$. Gemäß (67) gilt

$$v_2 \leqq \lim_{k \to \infty} \psi(y^{(k)}) = \lim_{k \to \infty} \varphi(x^{(k)}) \leqq v_1$$

mit $v_1 = \sup_{x \in X} \varphi(x)$, $v_2 = \inf_{y \in Y} \psi(y)$. Wenden wir ferner Lemma 2 an, so erhalten wir

$$\lim_{k \to \infty} \varphi(x^{(k)}) = v_1 = v_2 = \lim_{k \to \infty} \psi(y^{(k)}),$$

d. h., $\{x^{(k)}\}$ bzw. $\{y^{(k)}\}$ sind Lösungen der Probleme (64) bzw. (65); die Probleme (64), (65) hängen über die Dualitätsrelationen zusammen.

2. Die Probleme (64), (65) mögen durch die Dualitätsrelation verbunden sein, die Folgen $\{x^{(k)}\}$ bzw. $\{y^{(k)}\}$ seien Lösungen der entsprechenden Probleme. Das bedeutet, daß

$$\lim_{k \to \infty} \varphi(x^{(k)}) = v_1 = v_2 = \lim_{k \to \infty} \psi(y^{(k)})$$

gilt, d. h., es ist (66) erfüllt. Damit ist $\{x^{(k)}, y^{(k)}\}$ ein verallgemeinerter Sattelpunkt für die Funktion $f(x, y)$ mit $x \in X$, $y \in Y$.

Als Folgerung aus Satz 8 gewinnen wir ein Sattelpunktkriterium.

Satz 9: *Für die Existenz eines Sattelpunktes der Funktion* $f(x, y)$ *mit* $x \in X$, $y \in Y$ *ist notwendig und hinreichend, daß die Probleme* (64) *und* (65) *über die Dualitätsrelation zusammenhängen, wobei das Supremum in* (64) *und das Infimum in* (65) *angenommen werden. Das Paar* $\{x^{(0)}, y^{(0)}\}$ *ist Sattelpunkt der Funktion* $f(x, y)$ *mit* $x \in X$, $y \in Y$ *dann und nur dann, wenn* $x^{(0)}$ *Optimalpunkt von Problem* (64) *und* $y^{(0)}$ *Optimalpunkt von Problem* (65) *ist.*

Die oben angeführte Aussage erlaubt äquivalente Formulierungen für einen beliebigen Dualitätssatz bezüglich der Probleme (1)—(3), (9)—(11) (insbesondere für die Sätze 3—7) in der Terminologie von Sattelpunkten der LAGRANGE-Funktion. Zum Beispiel sieht Satz 4 in dieser Terminologie folgendermaßen aus:

Erfüllen die Restriktionen (2) *im konvexen Optimierungsproblem* (1)—(3) *die* SLATER-*Bedingung und ist*

$\{x^{(l)}\}$ eine Lösungsfolge des Problems, so existiert ein Vektor $y^* \geqq 0$ derart, daß $\{x^k, y^*\}$ ein verallgemeinerter Sattelpunkt für die LAGRANGE-*Funktion $F(x, y)$ mit $x \in G$, $y \geqq 0$ ist.*

Um diese Formulierung zu begründen, genügt es zu bemerken, daß nach Satz 4 die Probleme (1)—(3) und (9)—(11) über die Dualitätsrelation zusammenhängen, wobei Problem (9)—(11) einen Optimalpunkt $y^* \geqq 0$ besitzt und dann Lemma 1 und Satz 8 angewendet wird. Unter der Voraussetzung, daß ein Optimalpunkt für Problem (1)—(3) existiert, wurden die Sätze 4 und 5 in Sattelpunktterminologie für die LAGRANGE-Funktion von KUHN und TUCKER [10] bzw. von UZAWA [8] gewonnen. Der Satz 7 wurde unter einschränkenderen als den hier benötigten Voraussetzungen von G. Š. RUBINŠTEIN [7] bewiesen (wiederum in Sattelpunkt-Terminologie).

Mit den Dualitätstheoremen hängen sogenannte *Optimalitätskriterien*, d. h. notwendige und hinreichende Bedingungen dafür, daß irgendeine zulässige Punktfolge für Problem (1)—(3) eine Lösungsfolge ist, eng zusammen.

Satz 10 (erstes Optimalitätskriterium): *Sei $X = \{x^{(k)}\}$ eine zulässige Punktfolge für Problem (1)—(3), $f(X) < \infty$. Dann ist dafür, daß X eine Lösungsfolge von Problem (1)—(3) ist, hinreichend und, falls die Dualitätsrelation ($v = \bar{v}$) erfüllt ist, auch notwendig, daß eine Folge $\{y^{(k)}\}$, $y^{(k)} \geqq 0$, derart existiert, daß*

$$\lim_{k\to\infty} F(x^{(k)} y^{(k)}) = \lim_{k\to\infty} \sup_{x\in G} F(x, y^{(k)}), \tag{68}$$

$$\lim_{k\to\infty} y^{(k)} f_i(x^{(k)}) = 0, \qquad i = 1, 2, \ldots, m, \tag{69}$$

gilt.

Beweis: 1. Es sei $X = \{x^{(k)}\}$ eine Lösung von Problem (1)—(3), wobei die Probleme (1)—(3) und (9)—(11) über die Dualitätsrelation miteinander zusammenhängen. Als $\{y^{(k)}\}$ wählen wir eine Lösung des Dualproblems (9)—(11). Nach Satz 8 ist die Folge $\{x^{(k)}, y^{(k)}\}$ ein verallgemeinerter

Sattelpunkt der LAGRANGE-Funktion $F(x, y)$ mit $x \in G$, $y \geqq 0$.

Folglich gilt (67)

$$\lim_{k\to\infty} \sup_{x\in G} F(x, y^{(k)}) = \lim_{k\to\infty} F(x^{(k)}, y^{(k)}) = \lim_{k\to\infty} \inf_{y\geqq 0} F(x^{(k)}, y). \tag{70}$$

Die Gleichung (68) folgt aus der ersten Gleichung der Beziehung (70); die Gleichung (69) ist eine Folgerung aus der zweiten Gleichung in (70), so daß

$$\inf_{y\geqq 0} F(x^{(k)}, y) = f(x^{(k)}).$$

2. Sei $X = \{x^{(k)}\}$ eine zulässige Punktfolge von Problem (1)—(3), für die die Beziehungen (68) und (69) erfüllt sind. Wegen (69) und (68) haben wir

$$f(X) = \lim_{k\to\infty} f(x^{(k)}) = \lim_{k\to\infty} F(x^{(k)}, y^{(k)}) = \lim_{k\to\infty} \sup_{x\in G} F(x, y^{(k)}).$$

Verstehen wir ferner, wie auch schon vorher, unter R die Menge der zulässigen Punkte von Problem (1)—(3), so gilt

$$\lim_{k\to\infty} \sup_{x\in G} F(x, y^{(k)}) \geqq \lim_{k\to\infty} \sup_{x\in R} F(x, y^{(k)}) \geqq \sup_{x\in R} f(x),$$

da $f_i(x) \geqq 0, i = 1, 2, \ldots, m,$ für $x \in R$, $y^{(k)} \geqq 0$, ist. Also ist $f(X) \geqq \sup_{x\in R} f(x)$, d. h. X eine Lösung von Problem (1)—(3), und der Satz ist bewiesen.

Das Optimalitätskriterium 1 gilt für beliebige Probleme der Art (1)—(3), sofern nur garantiert ist, daß die Dualitätsrelation erfüllt wird. Insbesondere gilt es für die Problemklassen, die durch die Voraussetzungen in den Sätzen 3—7 gekennzeichnet sind. Ist darüber hinaus bekannt, daß außer dem Erfülltsein der Dualitätsrelation mindestens ein optimaler Punkt für das duale Problem existiert (wie zum Beispiel für Probleme, die den Bedingungen aus den Sätzen 4—7 genügen), so kann das erste Optimalitätskriterium präzisiert werden.

Satz 11 (zweites Optimalitätskriterium): *Sei $X = \{x^{(k)}\}$ eine zulässige Punktfolge von Problem (1)—(3), $f(X) < \infty$. Dafür, daß X eine Lösungsfolge für dieses Problem ist, ist notwendig und, bei Erfülltsein der Dualitätsrelation sowie bei Annahme des Infimums im Dualproblem, auch hinreichend, daß ein Vektor $y \geqq 0$ derart existiert, daß*

$$\lim_{k\to\infty} F(x^{(k)}, y^*) = \sup_{x\in G} F(x, y^*), \tag{71}$$

$$y_i^* = 0, \text{ falls } \overline{\lim_{k\to\infty}}\, f(x^{(k)}) > 0 \tag{72}$$

gilt.

Beweis: Die Notwendigkeit wird genauso wie beim Satz 10 bewiesen; als y^* wird ein optimaler Punkt des Dualproblems gewählt. Die andere Richtung der Aussage ergibt sich aus Satz 10.

Ist insbesondere $X = \{x^*\}$, so gehen die Bedingungen (71), (72) über in

$$F(x^*, y^*) = \sup_{x\in G} F(x, y^*),$$

$$y_i^* = 0, \text{ falls } f_i(x^*) > 0.$$

Enthält das Kriterium 2 die Optimalitätsbedingungen in der Terminologie der LAGRANGEschen Multiplikatoren, so gibt Kriterium 1 diese Bedingungen in der Terminologie der verallgemeinerten LAGRANGEschen Multiplikatoren (Folgen) an und hat somit ein größeres Anwendungsfeld. Die Optimalitätskriterien gestatten eine weitere Konkretisierung für einzelne Problemklassen der Art (1)—(3) (zum Beispiel für Probleme mit linearen Restriktionen oder differenzierbaren Funktionen f und f_i). Wir werden uns jedoch nicht damit beschäftigen.

5. Quasi-konvexe Probleme

Bisher haben wir bedingte Extremalprobleme betrachtet, für die die LAGRANGE-Funktionen konvex waren oder allgemeiner, wir betrachteten Funktionen zweier Variablengruppen, die in einer Variablengruppe konkav und in der anderen konvex waren. Wir werden uns nun kurz damit beschäftigen, in einigen Aussagen die Voraussetzungen über die Konvexität der entsprechenden Funktionen abzuschwächen.

Wir beginnen mit einer Definition.

Die auf einer konvexen Menge X definierte Funktion $f(x)$ heiße *quasi-konkav* (*-konvex*), falls die Menge

$$M_c = \{x \mid f(x) \geqq c, x \in X\} \quad (M_c = \{x \mid f(x) \leqq c, x \in X\})$$

für eine beliebige reelle Zahl c konvex ist.

Offensichtlich ist die konkave (konvexe) Funktion $f(x)$ auch quasi-konkav (-konvex). Die umgekehrte Aussage ist falsch; da zum Beispiel eine beliebige monotone Funktion einer Variablen, die auf irgendeiner Strecke definiert ist, sowohl quasi-konkav als auch quasi-konvex ist. Folglich ist die Klasse der quasi-konkaven (-konvexen) Funktionen umfassender als die Klasse der konkaven (konvexen) Funktionen.

Wir betrachten die Funktion $f(x, y)$ in den Variablen $x \in X, y \in Y$, wo, wie schon früher, X und Y konvexe Teilmengen gewisser euklidischer Räume sind. Wir setzen

$$\varphi(x) = \inf_Y f(x, y), \quad \psi(y) = \sup_X f(x, y).$$

Es gilt der folgende Satz von H. NICAIDO [11], der ein quasi-konvexes Analogon des J. VON NEUMANNschen Satzes (siehe Satz 1) ist.

Satz 12: *Sind X und Y konvexe Kompakte und ist $f(x, y)$ quasi-konkav in x für beliebiges $y \in Y$, quasi-*

konvex in y für beliebiges festes $x \in X$ und stetig in den Variablen x, y, so hat die Funktion $f(x, y)$ mindestens einen Sattelpunkt bezüglich X, Y mit

$$\begin{aligned}\varphi(x_0) &= \max_{x\in X} \min_{y\in Y} f(x, y) \\ &= \psi(y_0) = \min_{y\in Y} \max_{x\in X} f(x, y) = f(x_0, y_0),\end{aligned} \tag{73}$$

wobei (x_0, y_0) ein beliebiger Sattelpunkt der Funktion $f(x, y)$ für $x \in X, y \in Y$ ist.

Der Beweis dieses Satzes beruht auf dem bekannten Fixpunktsatz von S. Kakutani. Bevor wir den Satz von S. Kakutani formulieren, führen wir einen notwendigen Begriff ein.

Sei $\Phi(z)$ eine Punktmengenabbildung, die jedem Punkt z der Menge Z eine gewisse Teilmenge $\Phi(z) \subset Z$ zuordnet. Man sagt, daß die Abbildung $\Phi(z)$ *nach oben halbstetig im Punkt* $z_0 \in Z$ ist, falls für beliebiges $\varepsilon > 0$ ein $\delta > 0$ existiert derart, daß für $|z - z_0| < \delta$ die Menge $\Phi(z)$ in einer ε-Umgebung der Menge $\Phi(z_0)$ liegt.

Satz von S. Kakutani: *Sei $\Phi(z)$ eine Punktmengenabbildung der Punkte des konvexen Kompaktums Z in seine konvexen abgeschlossenen Teilmengen. Ist die Abbildung $\Phi(z)$ von oben halbstetig in jedem Punkt $z \in Z$, so besitzt sie einen Fixpunkt, d. h., es existiert ein Punkt $z_0 \in Z$ derart, daß*

$$z_0 \in \Phi(z_0).$$

Beweis von Satz 12: Sei $Z = X \times Y$. Wir setzen für $z = (x, y) \in Z$

$$\begin{aligned}\Phi(z) &= \{x' \mid f(x', y) = \max_{x''\in X} f(x'', y), x' \in X\} \\ &\times \{y' \mid f(x, y') = \min_{y''\in Y} f(x, y''), y' \in Y\} = \Phi_x(z) \times \Phi_y(z).\end{aligned}$$

Da die Funktion $f(x, y)$ bezüglich der entsprechenden Argumente quasi-konkav (-konvex) und stetig ist, ist die Menge $\Phi(z) \subset Z$ für beliebiges $z \in Z$ eine nicht leere konvexe, abgeschlossene Teilmenge. Wir wollen zeigen, daß die Abbildung Φ in jedem beliebigen Punkt $z \in Z$ nach oben halbstetig ist. Wäre das nämlich nicht der Fall, so gäbe es Punkte $z^{(k)} \to z$ für $k \to \infty$ derart, daß für beliebiges k die Menge $\Phi(z^{(k)})$ einen Punkt $w^{(k)}$ enthielte, der außerhalb einer ε-Umgebung der Menge $\Phi(z)$ für ein gewisses $\varepsilon > 0$ liegt, d. h.

$$\varrho(w^{(k)}, \Phi(z)) \geqq \varepsilon, \quad w^{(k)} \in \Phi(z^{(k)}), \quad k = 1, 2, \ldots.$$

Ohne Einschränkung der Allgemeinheit können wir annehmen, daß $\{w^{(k)}\}$ eine konvergente Folge ist (im entgegengesetzten Fall könnten wir unter Ausnutzung der Kompaktheit der die Punkte $w^{(k)}$ enthaltenden Menge Z aus $\{w^{(k)}\}$ eine konvergente Teilfolge auswählen und diese als Folge $\{w^{(k)}\}$ annehmen). Es sei

$$\lim_{k\to\infty} w^{(k)} = w^* = (x^*, y^*).$$

Dann gilt einerseits

$$\varrho\big(w^*, \Phi(z)\big) \geqq \varepsilon > 0. \tag{74}$$

Andererseits haben wir wegen $w^{(k)} = (\bar{x}^{(k)}, \bar{y}^{(k)}) \in \Phi(z^{(k)})$ mit $z^{(k)} = (x^{(k)}, y^{(k)})$

$$f(\bar{x}^{(k)}, y^{(k)}) \geqq f(x', y^{(k)}), \quad x' \in X,$$

$$f(x^{(k)}, \bar{y}^{(k)}) \leqq f(x^{(k)}, y'), \quad y' \in Y.$$

Wenn wir in den letzten Bedingungen k gegen unendlich streben lassen, erhalten wir

$$f(x^*, y) \geqq f(x', y), \quad x' \in X,$$

$$f(x, y^*) \leqq f(x, y'), \quad y' \in Y,$$

d. h. $w^* = (x^*, y^*) \in \Phi(z)$, $z = (x, y)$, was (74) widerspricht.

Folglich ist die Abbildung $\Phi(z)$ von oben halbstetig, und wir können den Satz von S. KAKUTANI anwenden. Danach existiert ein Punkt $z^* = (x^*, y^*) \in Z$ derart, daß $z^* \in \Phi(z^*)$ gilt, d. h.

$$f(x^*, y^*) = \max_{x \in X} f(x, y^*) = \min_{y \in Y} f(x^*, y).$$

Somit ist (x^*, y^*) ein Sattelpunkt der Funktion $f(x, y)$ für $x \in X$, $y \in Y$.

Sei nun (x_0, y_0) ein beliebiger Sattelpunkt der Funktion $f(x, y)$ für $x \in X, y \in Y$, d. h.

$$\psi(y_0) = \max_{x \in X} f(x, y_0) = f(x_0, y_0) = \min_{y \in Y} f(x_0, y)\, \varphi(x_0). \tag{75}$$

Nach Lemma 2 gilt jedoch für beliebiges $x \in X, y \in Y$

$$\psi(y) \geqq \varphi(x).$$

Aus (75) und der letzten Ungleichung erhalten wir (73), und der Satz ist bewiesen.

Analog zum Satz von J. VON NEUMANN gilt die Hauptaussage des Satzes von H. NICAIDO für schwächere Voraussetzungen bezüglich der Mengen X und Y. Da sich der Beweis folgender Aussage wenig vom Beweis des Satzes 2 unterscheidet, beschränken wir uns darauf, diese zu formulieren.[1]) Vorher führen wir jedoch die Mengen X^* und Y^* ein, die aus allen denjenigen Punkten bestehen, in denen $\varphi(x)$ ihr Maximum auf X bzw. $\psi(y)$ ihr Minimum auf Y annimmt.

Satz 13. *Es sei die Funktion $f(x, y)$ auf $X \times Y$ stetig, quasi-konkav in $x \in X$ für beliebiges festes $y \in Y$, quasi-konvex in $y \in Y$ für beliebiges festes $x \in X$, und es seien die Mengen X und Y konvex und abgeschlossen. Ist dann eine der Mengen X^*, Y^* nicht leer und beschränkt, so gilt*

$$\sup_{x \in X} \inf_{y \in Y} f(x, y) = \inf_{y \in Y} \sup_{x \in X} f(x, y).$$

---

[1]) Den Beweis von Satz 13 kann man in [2] finden.

Im Satz 13 ist eine Voraussetzung gegenüber Satz 2 abgeschwächt worden. Anstelle der Konvexität wird die Quasi-Konvexität vorausgesetzt. Dafür wurde eine andere Forderung verstärkt. Im Satz 13 wird die Funktion $f(x, y)$ in beiden Variablengruppen stetig vorausgesetzt, während Satz 2 diese Voraussetzungen nur auf diejenige Variablengruppe bezieht, die der nichtleeren beschränkten Menge (also X^* oder Y^*) entspricht. Satz 13 kann man genau wie Satz 2 zum Beweis von Dualitätssätzen in Extremalproblemen mit Restriktionen verwenden. Allerdings ist die Anwendung dieser Sätze mit gewissen Schwierigkeiten verbunden; es ist jedoch sinnvoll, sich damit zu beschäftigen. Wir betrachten ein Problem (1)—(3), in dem die Menge G konvex und die Funktionen $f(x)$ und $f_i(x)$ quasi-konkav sind. Wir werden dieses im folgenden ein *quasi-konvexes Optimierungsproblem* nennen. Wie auch bei konvexen Optimierungsproblemen können wir die LAGRANGE-Funktion einführen:

$$F(x, y) = f(x) + \sum_{i=1}^{m} y_i f_i(x), \quad x \in G, \quad y \geqq 0. \tag{76}$$

Wegen Lemma 1 ist das Ausgangsproblem äquivalent zum Problem

$$\varphi(x) = \inf_{y \geqq 0} F(x, y) \to \sup, \quad x \in G. \tag{77}$$

Wie zuvor betrachten wir das Dualproblem

$$\psi(y) = \sup_{x \in G} F(x, y) \to \inf, \quad y \geqq 0.$$

Es lassen sich in verschiedenen Dualitätssätzen Bedingungen angeben, unter denen die Gleichung

$$\sup_{x \in X} \inf_{y \in Y} F(x, y) = \inf_{y \in Y} \sup_{x \in X} F(x, y) \tag{78}$$

gilt,

Man könnte annehmen, daß man zum Beweis der Beziehung (78) Satz 13 heranziehen kann. Das ist jedoch unmöglich infolge der Tatsache, daß die Funktion $F(x, y)$ im allgemeinen nicht quasi-konkav in x ist. Es ist nämlich so, daß die Klasse der quasi-konvexen Funktionen, die die Klasse der konvexen Funktionen umfaßt, nicht die nützliche Eigenschaft besitzt, daß die Summe zweier Funktionen eine Funktion der entsprechenden Klasse ist. Es gilt vielmehr, daß die Summe zweier quasi-konkaven (-konvexen) Funktionen nicht notwendig quasi-konkav (-konvex) zu sein braucht. Davon überzeugt man sich leicht am Beispiel von Funktionen einer Veränderlichen.

Also erweist sich die LAGRANGE-Funktion bei quasi-konvexen Optimierungsproblemen als weniger bequem. Wie man sieht, ist es nötig, andere LAGRANGE-Funktionen zu konstruieren. Von einer LAGRANGE-Funktion muß man nun fordern, daß zwei Eigenschaften erfüllt sind:

1. Das mit der LAGRANGE-Funktion gebildete Problem (77) muß zum Ausgangsproblem äquivalent sein (die Menge $\{y \mid y \geqq 0\}$ kann man im allgemeinen Fall durch irgendeine konvexe Menge Y ersetzen).
2. Die Funktion $F(x, y)$ muß quasi-konkav in x und quasi-konvex in y sein.

Kann man für irgendeine Teilklasse der quasi-konvexen Optimierungsprobleme eine derartige Funktion konstruieren, so genügt es, Dualitätsaussagen zu gewinnen, so daß man sich des Satzes 13 bedienen kann.

Als Beispiel betrachten wir ein gebrochen-konvexes Optimierungsproblem in folgender Gestalt:

$$f(x) = \min_{1 \leqq i \leqq t} \frac{f_i'(x)}{f_i''(x)} \to \sup, \tag{79}$$

$$f_i(x) \geqq 0, \quad i = 1, 2, \dots, m, \tag{80}$$

$$x \in G. \tag{81}$$

Hier sind $f_i'(x), i = 1, 2, \dots, t, f_i(x), i = 1, 2, \dots, m,$ konkave, auf der konvexen Menge G definierte Funktionen, während $f_i''(x), i = 1, 2, \ldots, t,$ (bis auf Konstante) lineare, auf G definierte Funktionen sind. Es wird vorausgesetzt, daß

$$\min_{1 \leqq i \leqq t} f_i''(x) \geqq \alpha > 0$$

ist und daß die Funktion $f(x)$ für alle Punkte der Menge G definiert ist. Die Funktion $f(x)$ ist im allgemeinen nicht konkav, allerdings ist sie quasi-konkav, da für beliebiges c die Menge

$$M_c = \{f(x) \geqq c, x \in G\} = \bigcap_{i=1}^{t} \{f_i'(x) - c f_i''(x) \geqq 0\} \cap G$$

konvex ist.

Wir setzen

$$F(x, y) = \frac{\sum_{i=1}^{t} y_i f_i'(x) + \sum_{i=1}^{m} y_{t+i} f_i(x)}{\sum_{i=1}^{t} y_i f_i''(x)},$$

$$y = (y_1, y_2, \ldots, y_{t+m}) \geqq 0, \quad x \in G.$$

Man kann zeigen, daß die Funktion $F(x, y)$ die Bedingungen 1 und 2 erfüllt, wenn man anstelle der Menge $\{y \mid y \geqq 0\}$

$$Y = \left\{ y \mid y \geqq 0, \sum_{i=1}^{t} y_i = 1 \right\}$$

betrachtet. Die Funktion $F(x, y)$ sei die LAGRANGE-Funktion für Problem (79)—(80); damit kann man das Dualproblem bilden.

Also ist die LAGRANGE-Funktion, die für konvexe Optimierungsprobleme die Gestalt (76) hat, beim Übergang zu quasi-konvexen Optimierungsproblemen im allgemeinen anders zu bilden.

6. Verallgemeinerter Dualitätssatz

Wir betrachten die in $x \in X$ konkave und in $y \in Y$ konvexe Funktion $f(x, y)$. Wir führen wiederum die Funktionen

$$\varphi(x) = \inf_{y \in Y} f(x, y) \text{ und } \psi(y) = \sup_{x \in X} f(x, y)$$

ein. Wie bekannt (Satz 1), gilt unter der Voraussetzung der Beschränktheit einer der konvexen Mengen X, Y und der Stetigkeit von $f(x, y)$ in der entsprechenden Variablen

$$v_1 = \sup_{x \in X} \psi(x) = v_2 = \inf_{y \in Y} \psi(y),$$

d. h., die Extremalprobleme

$$\varphi(x) \to \sup, \quad x \in X; \tag{82}$$

$$\psi(y) \to \inf, \quad y \in Y, \tag{83}$$

hängen über die Dualitätsrelation miteinander zusammen. Befreit man sich von der Voraussetzung, daß eine der Mengen X, Y beschränkt ist, so erhält man, daß $v_1 < v_2$ gilt.

Wir werden nun eine Folge von Problemen der Art (82) konstruieren, die „im Grenzwert“ mit Problem (83) über die Dualitätsrelation zusammenhängt, ohne von der Beschränktheit der Mengen X, Y Gebrauch zu machen.

Seien also X und Y konvexe Mengen, Y eine abgeschlossene Menge, sowie die Funktion $f(x, y)$ konkav in $x \in X$, konvex und stetig in $y \in Y$. Wir setzen

$$C_k = \{y \mid |y| \leqq k\}, \quad Y_k = Y \cap C_k, \quad k = 1, 2, \ldots.$$

Ohne Beschränkung der Allgemeinheit werden wir annehmen, daß Y_k für beliebiges k eine nicht leere Menge ist.

Sei

$$\varphi_k(x) = \inf_{y \in Y_k} f(x, y), \qquad v_1(k) = \sup_{x \in X} \varphi_k(x), \qquad k = 1, 2, \ldots.$$

Wir betrachten die Problem-Familie

$$\varphi_k(x) \to \sup, \quad x \in X, \quad k = 1, 2, \ldots. \tag{84}$$

Wir wenden Satz 1 auf die auf der Menge $X \times Y_k$, $k = 1, 2, \ldots,$ definierte Funktion $f(x, y)$ an. Daraus folgt

$$v_1(k) = v_2(k) = \inf_{y \in Y_k} \psi(y). \tag{85}$$

Wenn wir weiter bemerken, daß $Y = \bigcup_{k=1}^{\infty} Y_k$, $Y_k \subset Y_{k+1}$, $k = 1, 2, \ldots,$ gilt, erhalten wir

$$\lim_{k \to \infty} v_2(k) = v_2$$

und gelangen unter Berücksichtigung von (85) zur folgenden Grenz-Dualitätsrelation:

$$\lim_{k \to \infty} v_1(k) = v_2. \tag{86}$$

Wir nehmen jetzt an, daß

$$f(x, y) = F(x, y) = f(x) + \sum_{i=1}^{m} y_i f_i(x)$$

die Lagrange-Funktion für das konvexe Optimierungsproblem (1)—(3) ist, $X = G$, $Y = \{y \mid y_i \geqq 0, i = 1, 2, \ldots, m\}$. Da die Funktion $F(x, y)$ linear und damit auch stetig in y ist, gilt gemäß (86)

$$\lim_{k \to \infty} v(k) = \tilde{v} \tag{87}$$

mit

$$v(k) = \sup_{x \in G} \varphi_k(x), \quad \varphi_k(x) = \inf_{y \in Y_k} F(x, y),$$

$$\tilde{v} = \inf_{y \geqq 0} \psi(y).$$

Wenn wir die spezielle Form der LAGRANGE-Funktion und der Menge Y_k berücksichtigen, können wir offensichtlich die in der Definition der Funktion $\varphi_k(x)$ auftretende „inf"-Operation ausführen. Wir setzen für eine beliebige reelle Zahl a

$$a^- = \begin{cases} -a & \text{für} \quad a \leqq 0, \\ 0 & \text{für} \quad a > 0. \end{cases}$$

In diesem Falle ist

$$\varphi_k(x) = f(x) - k \sqrt{\sum_{i=1}^{m} [f_i^-(x)]^2}, \qquad x \in G. \tag{88}$$

Sei nämlich $I(x) = \{i \mid f_i(x) < 0\}$. Ist $I(x) = \emptyset$, so ist einerseits

$$\varphi_k(x) \leqq F(x, 0) = f(x)$$

und andererseits

$$F(x, y) \geqq f(x)$$

für beliebiges $y \geqq 0$, d. h. $\varphi_k(x) \geqq f(x)$.

Also gilt für $I(x) = \emptyset$

$$\varphi_k(x) = f(x),$$

was der Formel (88) entspricht.

Wir setzen nun $I(x) \neq \emptyset$ voraus. Für beliebiges $y \in Y_k$ $(y \geqq 0, |y| \leqq k)$ haben wir

$$F(x, y) = f(x) + \sum_{i=1}^{m} y_i f_i(x) \geqq f(x) - \sum_{i=1}^{m} y_i f_i^-(x).$$

Wenn wir ferner die BUNJAKOWSKIsche Ungleichung benutzen, erhalten wir

$$F(x, y) \geqq f(x) - \sqrt{\sum_{i=1}^{m} y_i^2} \sqrt{\sum_{i=1}^{m} [f_i^-(x)]^2}$$

$$\geqq f(x) - k \sqrt{\sum_{i=1}^{m} [f_i^-(x)]^2}.$$

Folglich gilt

$$\varphi_k(x) = \inf_{y \in Y_k} F(x, y) \geqq f(x) - k \sqrt{\sum_{i=1}^{m} [f_i^-(x)]^2}. \quad (89)$$

Setzen wir andererseits

$$y_k(x) = \frac{k f_i^-(x)}{\sqrt{\sum_{i=1}^{m} [f_i^-(x)]^2}}, \qquad i = 1, 2, \ldots, m,$$

so gehört der Vektor $y(x) = \big(y_1(x), y_2(x), \ldots, y_m(x)\big)$ zu Y_k, d. h. aber

$$\varphi_k(x) \leqq F\big(x, y(x)\big) = f(x) - k \sqrt{\sum_{i=1}^{m} [f_i^-(x)]^2}. \quad (90)$$

Die Gleichung (88) folgt aus (89) und (90).

Wir führen den Begriff des verallgemeinerten Primalproblems ein. Die Folge $X = \{x^{(k)}\}, x^{(k)} \in G$, heißt eine *verallgemeinerte zulässige Punktfolge* von Problem (1)—(3), falls

a) $\lim_{k \to \infty} f(x^{(k)}) = f(X)$ existiert (endlich oder unendlich);

b) $\underline{\lim}_{k \to \infty} f_i(x^{(k)}) \geqq 0$ für $i = 1, 2, \ldots, m$ gilt.

Die Menge der verallgemeinerten zulässigen Punktfolgen von Problem (1)—(3) bezeichnen wir mit $\overline{R}$, und wir setzen

$$\overline{v} = \begin{cases} \sup_{X \in \overline{R}} f(X) & \text{für } \overline{R} \neq \emptyset, \\ -\infty & \text{für } \overline{R} = \emptyset. \end{cases}$$

Die Aufgabe die Funktion $f(X)$ auf der Menge $\overline{R}$ der verallgemeinerten zulässigen Punktfolgen zu maximieren, nennen wir *verallgemeinertes Problem* (1)—(3). Es gilt der folgende verallgemeinerte Dualitätssatz:

Satz 14: *Sei (1)—(3) ein konvexes Optimierungsproblem, $\tilde{v} < \infty$. Dann hängen das verallgemeinerte Problem (1)—(3) und das Dualproblem (9)—(11) über die Dualitätsrelation miteinander zusammen, d. h., es gilt*

$$\bar{v} = \tilde{v}. \tag{91}$$

Beweis: 1. Sei $X = \{x^{(k)}\}$ eine verallgemeinerte zulässige Punktfolge von Problem (1)—(3). Wenn wir (88) und die Eigenschaften a), b) für die Folge X ausnutzen, erhalten wir für beliebiges t

$$\lim_{k\to\infty} \varphi_t(x^{(k)}) = \lim_{k\to\infty} \left[f(x^{(k)}) - t \sqrt{\sum_{i=1}^{m} [f_i^-(x^{(k)})]^2} \right] = f(X).$$

Folglich gilt

$$v(t) = \sup_{x\in G} \varphi_t(x) \geqq \sup_{x\in\bar{R}} f(X) = \bar{v}, \quad t = 1, 2, \ldots .$$

Berücksichtigen wir ferner die Gleichung (87), so erhalten wir

$$\tilde{v} = \lim_{t\to\infty} v(t) \geqq \bar{v}. \tag{92}$$

Ist $\bar{R} = \emptyset$, so ist $\bar{v} = -\infty$, und die Ungleichung (92) gilt. Ist $\tilde{v} = -\infty$, so gilt wegen (92) $\bar{v} = \tilde{v} = -\infty$. Daher werden wir im folgenden $\tilde{v} > -\infty$ annehmen.

2. Aus der Beziehung (87) ergibt sich die Existenz einer Folge $\bar{X} = \{\bar{x}^{(k)}\}, \bar{x}^{(k)} \in G$, derart, daß

$$\lim_{k\to\infty} \varphi_k(\bar{x}^{(k)}) = \tilde{v}$$

gilt. Sei

$$I(x) = \{i \mid f_i(x) < 0, i = 1, 2, \ldots, m\};$$
$$y(x) = \big(y_1(x), \ldots, y_m(x)\big)$$

mit

$$y_i(x) = \begin{cases} 0 & \text{für} \quad I(x) = \emptyset, \\ \dfrac{f_i^-(x)}{\sqrt{\sum\limits_{i=1}^{m} [f_i^-(x)]^2}} & \text{für} \quad I(x) \neq \emptyset. \end{cases}$$

Wir wählen einen Vektor $y_0 \geqq 0$ derart, daß $\psi(y_0) < \infty$ ist (die Existenz eines solchen Vektors folgt aus der Voraussetzung $\tilde{v} < \infty$). Sei $t > |y_0|$. Dann gilt

$$\bar{y} = y_0 + (t - |y_0|)y(x) \geqq 0,$$
$$|\bar{y}| \leqq |y_0| + (t - |y_0|)|y(x)| \leqq t,$$

d. h. $\bar{y} \in Y_t$. Folglich ist

$$\begin{aligned} \varphi_t(x) &= \inf_{y \in Y_t} F(x, y) \leqq F(x, \bar{y}) \\ &= F(x, y_0) - (t - |y_0|) \sqrt{\sum_{i=1}^{m} [f_i^-(x)]^2}. \end{aligned}$$

Offenbar ist $\psi(y_0) \geqq F(x, y_0)$, und die erhaltene Ungleichung führt zu der Beziehung

$$\sqrt{\sum_{i=1}^{m} [f_i^-(x)]^2} \leqq \frac{\psi(y_0) - \varphi_t(x)}{t - |y_0|}, \qquad t > |y_0|. \tag{93}$$

Wir setzen in (93) anstelle von x den Vektor $\bar{x}^{(t)}$ und lassen t gegen unendlich streben. Dann erhalten wir

$$\lim_{t \to \infty} \sqrt{\sum_{i=1}^{m} [f_i^-(\bar{x}^{(t)})]^2} \leqq (\psi(y_0) - \tilde{v}) \cdot \lim_{t \to \infty} \frac{1}{t - |y_0|} = 0,$$

d. h.

$$\underline{\lim}_{t \to \infty} f_i(\bar{x}^{(t)}) \geqq \lim_{t \to \infty} [-f_i^-(\bar{x}^{(t)})] = 0 \tag{94}$$

für $i = 1, 2, \ldots, m$. Wegen $\varphi_k(\bar{x}^{(t)}) \leqq F(\bar{x}^{(t)}, 0) = f(\bar{x}^{(t)})$ gilt

$$\underline{\lim}_{t\to\infty} f(\bar{x}^{(t)}) \geqq \lim_{t\to\infty} \varphi_k(\bar{x}^{(t)}) = \tilde{v}. \qquad (95)$$

Wenn wir weiter (94) berücksichtigen, erhalten wir

$$\underline{\lim}\, f(\bar{x}^{(t)}) \leqq \overline{\lim}\, f(\bar{x}^{(t)}) \leqq \bar{v}. \qquad (96)$$

Aus (95) und (96) ergibt sich

$$\bar{v} \geqq \tilde{v}. \qquad (97)$$

Die Ungleichungen (97) und (92) führen zur gesuchten Ungleichung (91).

Wir bemerken, daß aus (91), (96) und (97) die Existenz von

$$\lim_{t\to\infty} f(\bar{x}^{(t)}) = f(\bar{X})$$

mit $f(\bar{X}) = \bar{v}$ folgt, d. h., $\bar{X}$ ist optimale verallgemeinerte Punktfolge von Problem (1)—(3).

Das verallgemeinerte Dualitätstheorem wurde hier unter der Voraussetzung $\tilde{v} < \infty$ bewiesen. Ist $\tilde{v} = \infty$, so kann man zeigen, daß die Gleichung (91) auch für $\bar{R} \neq \emptyset$ gilt. Erweist sich somit die verallgemeinerte Dualitätsrelation für konvexe Optimierungsprobleme als verletzt, so enthält die Menge $\bar{R}$ kein einziges Element, und es ist $\tilde{v} = \infty$. Die angegebene Verletzung der verallgemeinerten Dualitätsrelation ist sogar in der linearen Optimierung möglich (das bedeutet, daß Primal- und Dualproblem in der linearen Optimierung leere Restriktionenbereiche besitzen).

7. Stabilität und Marginalwerte

Zum Abschluß beschäftigen wir uns mit Fragen, die mit der stetigen Abhängigkeit der Optimalmengen des Primal- und Dualproblems von Parametern zusammenhängen. Wir werden Bedingungen erhalten, bei deren Erfülltsein die Stetigkeit einer Familie solcher Mengen garantiert ist (Stabilitätssatz). Als Anwendung des Stabilitätssatzes werden Formeln für Marginalwerte bei konvexen Optimierungsproblemen abgeleitet.

Sei $f(x, y, t)$ eine auf der Menge $X \times Y \times T$ definierte und stetige Funktion, die für alle Werte (y, t) aus $Y \times T$ in x quasi-konkav und für alle Werte (x, t) aus $X \times T$ in y quasi-konvex ist. Hier sind X und Y konvexe abgeschlossene Teilmengen irgendeines euklidischen Raumes, und T ist ein metrischer Raum (insbesondere kann T ein euklidischer Raum sein.)

Wir bezeichnen

$$\varphi(x, t) = \inf_{y \in Y} f(x, y, t),$$

$$\psi(y, t) = \sup_{x \in X} f(x, y, t)$$

und betrachten die Familie der Dualprobleme

$$\varphi(x, t) \to \sup, \quad x \in X; \tag{98}$$

$$\psi(y, t) \to \inf, \quad y \in Y. \tag{99}$$

Sei

$$v_1(t) = \sup_{x \in X} \varphi(x, t), \quad v_2(t) = \inf_{y \in Y} \psi(y, t).$$

Wir führen die Optimalmengen für die Probleme (98), (99) ein:

$$X(t) = \{x \mid \varphi(x, t) = v_1(t), \quad x \in X\};$$

$$Y(t) = \{y \mid \psi(y, t) = v_2(t), \quad y \in Y\}.$$

Für die Mengen $X(t)$ und $Y(t)$ gilt der folgende Stabilitätssatz in einem festen Punkt.

Satz 15: *Sind für einen gewissen Häufungspunkt $q \in T$ die Mengen $X(q)$ und $Y(q)$ nicht leer und beschränkt, so existiert eine Umgebung $\delta(q) \subset T$ des Punktes q derart, daß für alle $t \in \delta(q)$ die Mengen $X(t)$ und $Y(t)$ nicht* *leer sind,* $v_1(t) = v_2(t)$ *ist und die Punktmengenabbildungen* $t \in \delta(q)$ *in* $X(t)$ *und* $Y(t)$ *nach oben halbstetig im Punkt* q *sind.*

Beweis: 1. Zuerst bemerken wir, daß aus Satz 13 die Beziehung

$$\inf_{y \in Y} \sup_{x \in X} f(x, y, q) = \sup_{x \in X} \inf_{y \in Y} f(x, y, q) = f(x_q, y_q, q)$$

folgt, wobei (x_q, y_q) ein beliebiger Punkt aus $X(q) \times Y(q)$ ist.

Wir setzen

$$v(q) = \max_{x \in X} \varphi(x, q) = \min_{y \in Y} \psi(y, q). \tag{100}$$

Nun geben wir uns ein beliebiges $\sigma > 0$ vor und bezeichnen mit

$$X_\sigma = \{x \mid x \in X,\ \varrho(x, X(q)) \leqq \sigma\}$$

die Menge derjenigen Punkte, die zu X gehören und von $X(q)$ einen Abstand nicht größer als σ haben.

Wir werden zeigen, daß für hinreichend großes σ

$$\lim_{t \to q} \sup_{x \in X_\sigma} \varphi(x, t) \geqq v(q) \tag{101}$$

ist.

Den Beweis führen wir indirekt. Nehmen wir an, daß der Tatbestand falsch ist. Wir fixieren ein beliebiges $\sigma > 0$. Dann existiert ein $\delta > 0$ und eine Folge $t_q \to q$ derart, daß

$$\sup_{x \in X_\sigma} \varphi(x, t_k) < v(q) - \delta \quad \text{für alle } k$$

gilt. Aus Satz 13 folgt, daß

$$\sup_{x \in X_\sigma} \varphi(x, t_q) = \inf_{y \in Y} \sup_{x \in X_\sigma} f(x, y, t_k) < v(q) - \delta$$

richtig ist, d. h., es existiert eine Folge y_k derart, daß

$$\sup_{x \in X_\sigma} f(x, y_k, t_k) < v(q) - \delta \quad \text{für alle } k \tag{102}$$

gilt.

Wir zeigen, daß für $k \to \infty$ auch $|y_k| \to \infty$ strebt. Im entgegengesetzten Falle wäre es nämlich möglich, ohne die Allgemeinheit einzuschränken, daß man $y_k \to y^*$, $y^* \subset Y$, erhält, d. h.

$$\sup_{x \in X_\sigma} f(x, y^*, q) \leqq v(q) - \delta .$$

Unter Berücksichtigung von (100) erhalten wir aus der letzten Ungleichung die unmögliche Beziehung

$$v(q) = \sup_{x \in X_\sigma} \inf_{y \in Y} f(x, y, q) = \inf_{y \in Y} \sup_{x \in X_\sigma} f(x, y, q)$$

$$\leqq \sup_{x \in X_\sigma} f(x, y^*, q) \leqq v(q) - \delta ,$$

die auch die Richtigkeit der letzten Behauptung beweist.

Wir betrachten nun einen beliebigen Punkt $y_0 \in Y(q)$. Für ihn gilt

$$\sup_{x \in X_\sigma} f(x, y_0, q) = v(q) .$$

Infolge der Stetigkeit der rechten Seite der letzten Gleichung in $t = q$ für ein beliebiges $\varepsilon > 0$ existiert eine natürliche Zahl $k(\varepsilon)$, so daß für alle $k \geqq k(\varepsilon)$

$$\sup_{x \in X_\sigma} f(x, y_0, t_k) < v(q) + \varepsilon \tag{103}$$

gilt.

Für ein beliebiges festes $l > |y_0|$ definieren wir die Folge

$$y_k^{(l)} = \frac{1}{|y_k|} y_k + \left(1 - \frac{1}{|y_k|}\right) y_0 , \quad |y_k| \geqq l ,$$

die unendlich viele Elemente enthält, so daß $|y_k| \to \infty$ für $k \to \infty$ ist. Offenbar ist

$$l - |y_0| \leqq |y_k^{(l)}| \leqq l + |y_0| . \tag{104}$$

Aus der Quasi-Konvexität der Funktion $\sup_{x \in X_\sigma} f(x, y, t_k)$ in $y \in Y$ und den Beziehungen (102) und (103) folgt

$$\sup_{x \in X_\sigma} f(x, y_k^{(l)}, t_k) < v(q) + \varepsilon. \tag{105}$$

Ohne Beschränkung der Allgemeinheit können wir annehmen, daß die Folge $\{y_k^{(l)}\}$ gegen das Element $y^{(l)}$ konvergiert (siehe (104)).

Wir weisen auf die Abhängigkeit von $y^{(l)}$ von σ hin, indem wir $y^{(l)} = y^{(l)}(\sigma)$ setzen. Dann erhalten wir aus der Ungleichung (105)

$$\sup_{x \in X_\sigma} f\left(x, y^{(l)}(\sigma), q\right) \leqq v(q) + \varepsilon$$

oder, da $\varepsilon > 0$ beliebig ist,

$$\sup_{x \in X_\sigma} f\left(x, y^{(l)}(\sigma), q\right) \leqq v(q). \tag{106}$$

Aus Beziehung (104) gewinnen wir

$$l - |y_0| \leqq |y^{(l)}(\sigma)| \leqq l + |y_0|. \tag{107}$$

In Übereinstimmung mit (107) kann man ohne Beschränkung der Allgemeinheit

$$\lim_{\sigma \to \infty} y^{(l)}(\sigma) = \bar{y}^{(l)}$$

annehmen. Dann erhalten wir aus (106)

$$\psi(\bar{y}^{(l)}, q) = \sup_{x \in X} f(x, \bar{y}^{(l)}, q) \leqq v(q). \tag{108}$$

Aus (108) ergibt sich für beliebiges $l > |y_0|$ $\bar{y}^{(l)} \in Y(q)$, aber in Übereinstimmung mit (107) $|\bar{y}^{(l)}| \geqq l - |y_0|$.

Also erhalten wir, daß die Menge $Y(q)$ Elemente mit beliebig großer Norm enthält, was der Beschränktheit von $Y(q)$ widerspricht, womit die Behauptung (101) bewiesen ist.

2. Wir haben gezeigt, daß für irgendein $\sigma > 0$ und beliebiges $\varepsilon > 0$ eine Umgebung $\delta_\varepsilon(q)$ des Punktes q existiert, so daß

$$\sup_{x \in X_\sigma} \varphi(x, t) \geqq v(t) - \varepsilon, \quad t \in \delta_\varepsilon'(q). \tag{109}$$

Wir konstatieren nun die Existenz einer Umgebung $\delta_x(q) \subset \delta_\varepsilon'(q)$ des Punktes q und eines $\varepsilon > 0$, so daß

$$\varphi(x, t) < v(q) - \varepsilon \quad \text{für alle} \quad x \notin X_\sigma, \quad t \in \delta_x(q) \tag{110}$$

ist. Führen wir nun die Menge $\Gamma_\sigma = \{x \mid x \in X, \sigma \leqq \varrho(x, X(q)) \leqq 2\sigma\}$ ein. Nach Lemma 4 ist die Funktion $\varphi(x, q)$ von oben halbstetig in x und folglich

$$\max_{x \in \Gamma_\sigma} \varphi(x, q) = \varphi(x', q) \quad \text{für ein gewisses} \quad x' \in \Gamma_\sigma.$$

Wenn wir in Betracht ziehen, daß $X(q) \cap \Gamma_\sigma = \emptyset$ ist, erhalten wir, daß

$$\max_{x \in \Gamma_\sigma} \varphi(x, q) < v(q) - \varepsilon \tag{111}$$

für $\varepsilon > 0$ gilt.

Nach Lemma 5 kann man eine endliche Menge $F \subset Y$ derart auswählen, daß aus (111) die Ungleichung

$$\min_{y \in F} f(x, y, q) < v(q) - \varepsilon, \quad x \in \Gamma_\sigma,$$

abgeleitet werden kann, die wegen der Stetigkeit für eine gewisse Umgebung $\delta_x(q) \subset \delta_\varepsilon'(q)$ des Punktes q erfüllt ist, d. h.

$$\varphi(x, t) \leqq \min_{y \in F} f(x, y, t) < v(q) - \varepsilon, \quad x \in \Gamma_\sigma, \quad t \in \delta_x(q). \tag{112}$$

Wir werden zeigen, daß die Ungleichung (110) für das gewählte $\delta_x(q)$ und $\varepsilon > 0$ tatsächlich gilt. Wäre nämlich diese Ungleichung für gewisse $x' \notin X_\sigma$ und $t' \in \delta_x(q)$ nicht erfüllt, d. h. $\varphi(x', t') > v(q) - \varepsilon$, so erhielten wir, wenn wir den Punkt $x'' \in X_\sigma$, für den $\varphi(x'', t') \geqq v(q) - \varepsilon$ gilt, und den Punkt $x' \notin X_\sigma$ durch eine Strecke verbinden bei Berücksichtigung der Quasi-Konkavität der Funktion $\varphi(x, t')$, daß

$$\varphi(x, t') \geqq v(q) - \varepsilon \tag{113}$$

für beliebiges $x \in S$ gilt. Offensichtlich hat die Strecke S gemeinsame Punkte mit der Menge Γ_σ; sei $x_0 \in S \cap \Gamma_\sigma$. Dann gilt nach (113)

$$\varphi(x_0, t') \geqq v(q) - \varepsilon, \quad x_0 \in \Gamma_\sigma, \quad t' \in \delta_x(q),$$

was (112) widerspricht.

Aus (109) und (110) folgt, daß die Menge $X(t)$ für $t \in \delta_x(q)$ mit der Menge derjenigen Punkte zusammenfällt, in denen $\sup\limits_{x \in X_\sigma} \varphi(x, t)$ angenommen wird. Letztere Menge ist nach Lemma 4 nicht leer (X_σ ist kompakt). Folglich ist die Menge $X(t)$ für beliebiges $t \in \delta_x(q)$ nicht leer, wobei

$$X(t) \subset X_\sigma \tag{114}$$

gilt.

Der analoge Sachverhalt kann für Mengen $Y(t)$, $t \in \delta_y(q)$, auf dieselbe Weise bewiesen werden.

Ist also $t \in \delta(q) = \delta_x(q) \cap \delta_y(q)$, so sind erstens die Mengen $X(t)$ und $Y(t)$ nicht leer, und zweitens gilt nach Satz 13 (siehe (114)) $v_1(t) = v_2(t)$.

3. Zum Beweis der Halbstetigkeit von oben der Abbildungen $X(t)$ und $Y(t)$ im Punkt $t = q$ verwenden wir die Ungleichungen

$$f(x, y_t, t) \leqq f(x_t, y_t, t) \leqq f(x_t, y, t) \tag{115}$$

mit $x \in X, y \in Y, x_t \in X(t), y_t \in Y(t), t \in \delta(q)$.

Wäre die letzte Behauptung des Satzes nicht richtig, zum Beispiel in bezug auf die Abbildung $X(t), t \in T$, so existierte eine Folge $t_k \to q, t_k \in \delta(q)$ und $x_k \in X(t_k)$ derart, daß

$$\varrho(x_k, X(q)) \geqq \varepsilon > 0 \quad \text{für} \quad k = 1, 2, \ldots \tag{116}$$

gilt.

Sei y_k ein beliebiger Punkt von $Y(t_k)$. Wegen der gleichmäßigen Beschränktheit der Mengen $X(t_k)$ und $Y(t_k)$ (s. (114)) kann man ohne Beschränkung der Allgemeinheit annehmen, daß $x_k \to x^*$, $y_k \to y^*$ für $k \to \infty$ strebt. Dann ergibt sich aus (115)

$$f(x, y^*, q) \leqq f(x^*, y^*, q) \leqq f(x^*, y, q)$$

mit $x \in X$, $y \in Y$, d. h. $x^* \in X(q)$, was (116) widerspricht.

Damit ist Satz 15 vollständig bewiesen.

Satz 15 kann angewendet werden, um Formeln für sogenannte *Marginalwerte* von Extremalproblemen abzuleiten.

Wir betrachten die auf der Menge $X \times Y \times T$ mit $T = [0, t_0]$ definierte Funktion $f(x, y, t)$. Nehmen wir an, daß die Voraussetzungen von Satz 15 $(q = 0)$ erfüllt sind, so sind nach diesem Satz für ein gewisses $t' > 0$ die Mengen $X(t)$ und $Y(t)$ für $0 \leqq t \leqq t'$ nicht leer, und es gilt

$$\varphi(t) = \max_{x \in X} \min_{y \in Y} f(x, y, t) = \min_{y \in Y} \max_{x \in X} f(x, y, t) = f(x_t, y_t, t)$$

mit $x_t \in X(t)$, $y_t \in Y(t)$, $0 \leqq t \leqq t'$.

Die weiter unten angeführte Aussage enthält Bedingungen, die die Differenzierbarkeit der Funktion $\varphi(t)$ garantieren, und Formeln für die Ableitung dieser Funktion. Die Zahl $\varphi'(0)$ wird gewöhnlich *Marginalwert* der Problemfamilie (98), (99) für $t = 0$ genannt und die entsprechende Behauptung *Marginalwertsatz.*

Satz 16: *Seien die Voraussetzungen von Satz 15 erfüllt, sei die Funktion $f(x, y, t)$ für beliebige (x, y) aus einer gewissen Umgebung Ω der Menge $X(0) \times Y(0)$ im Punkt $t = +0$ nach t differenzierbar und erfülle die Ableitung*

$f_t'(x, y, 0)$ *dieser Funktion die Bedingung*

$$\frac{f(x, y, t) - f(x, y, 0)}{t} \to f_t'(x, y, 0) \quad \textit{für} \quad t \to +0$$

gleichmäßig bezüglich $(x, y) \in \Omega$.

Dann existiert eine rechtsseitige Ableitung $\varphi'(0)$ *der Funktion* $\varphi(t)$ *im Punkt* $t = 0$ *mit*

$$\varphi'(0) = \max_{x \in X(0)} \min_{y \in Y(0)} f_t'(x, y, 0) = \min_{y \in Y(0)} \max_{x \in X(0)} f_t'(x, y, 0). \tag{117}$$

Beweis: Es sei $0 \leqq t \leqq t'$. Dann sind die Mengen $X(t)$ und $Y(t)$ nicht leer, und es gilt

$$f(x_0, y_t, t) \leqq f(x_t, y_t, t) \leqq f(x_t, y_0, t), \tag{118}$$

wobei $(x_0, y_0) \in X(0) \times Y(0)$, $(x_t, y_t) \in X(t) \times Y(t)$.

Wir setzen

$$\mu(x, y, t) = f(x, y, t) - f(x, y, 0) - t f_t'(x, y, 0),$$
$$(x, y) \in \Omega.$$

Nach der Voraussetzung des Satzes ist

$$|\mu(x, y, t)| \leqq \mu(t), \quad (x, y) \in \Omega, \tag{119}$$

wobei $\mu(t)$ nicht von x, y abhängt, und

$$\lim_{t \to +0} \frac{1}{t} \mu(t) = 0 \tag{120}$$

gilt. Ohne Beschränkung der Allgemeinheit können wir annehmen, daß $X(t) \times Y(t) \subset \Omega$, falls $t \leqq t'$ ist (da die entsprechende Punktmengenbildung von oben halbstetig ist). Daher kann die Beziehung (118) in die Gestalt

$$f(x_0, y_t, 0) + t f_t'(x_0, y_t, 0) - \mu(t) \leqq f(x_t, y_t, t)$$
$$\leqq f(x_t, y_0, 0) + t f_t'(x_t, y_0, 0) + \mu(t) \tag{121}$$

übergeführt werden. Wegen $(x_0, y_0) \in X(0) \times Y(0)$ ist

$$f(x_t, y_0, 0) \leqq f(x_0, y_0, 0) \leqq f(x_0, y_t, 0).$$

Berücksichtigen wir die letzten Ungleichungen und die Beziehung (121), so erhalten wir die folgende Abschätzung für den relativen Zuwachs der Funktion $\varphi(t)$

$$f_t'(x_0, y_t, 0) - \frac{\mu(t)}{t} \leqq \frac{\varphi t() - \varphi(0)}{t}$$

$$\leqq f_t'(x_t, y_0, 0) + \frac{\mu(t)}{t}. \tag{122}$$

Die Abschätzungen (122) sind für beliebige Sattelpunkte

$$(x_0, y_0) \in X(0) \times Y(0) \quad \text{und} \quad (x_t, y_t) \in X(t) \times Y(t)$$

abgeleitet worden.

Folglich ergibt sich aus (122)

$$\min_{y \in Y(t)} \max_{x \in X(0)} f_t'(x, y, 0) - \frac{\mu(t)}{t} \leqq \frac{\varphi(t) - \varphi(0)}{t}$$

$$\leqq \max_{x \in X(t)} \min_{y \in Y(0)} f_t'(x, y, 0) + \frac{\mu(t)}{t}. \tag{123}$$

Seien wie früher X_ε und Y_ε ε-Umgebungen der Mengen $X(0)$ bzw. $Y(0)$. Für beliebiges $t > 0$ bezeichnen wir mit $\varepsilon(t)$ die kleinste der Zahlen ε, für die $X(t) \subset X_\varepsilon$, $Y(t) \subset Y_\varepsilon$ gilt. Nach Satz 15 ist

$$\lim_{t \to +0} \varepsilon(t) = 0. \tag{124}$$

Im Hinblick auf die eingeführten Bezeichnungen führen die Abschätzungen (123) auf die Ungleichungen

$$\min_{y \in Y_{\varepsilon(t)}} \max_{x \in X(0)} f_t'(x, y, 0) - \frac{\mu(t)}{t} \leqq \frac{\varphi(t) - \varphi(0)}{t}$$

$$\leqq \max_{x \in X_{\varepsilon(t)}} \min_{y \in Y(0)} f_t'(x, y, 0) + \frac{\mu(t)}{t}. \tag{125}$$

Aus den Beziehungen (119) und (120) ergibt sich die Stetigkeit der Funktion $f_t'(x, y, 0)$ auf Ω. Folglich sind auch die Funktionen

$$\max_{x \in X(0)} f_t'(x, y, 0), \quad \min_{y \in Y(0)} f_t'(x, y, 0)$$

stetig, und daher ist

$$\begin{aligned} \lim_{t \to +0} \min_{y \in Y_{\varepsilon(t)}} \max_{x \in X(0)} f_t'(x, y, 0) &= \min_{y \in Y(0)} \max_{x \in X(0)} f_t'(x, y, 0), \\ \lim_{t \to +0} \max_{x \in X_{\varepsilon(t)}} \min_{y \in Y(0)} f_t'(x, y, 0) &= \max_{x \in X(0)} \min_{y \in Y(0)} f_t'(x, y, 0). \end{aligned} \tag{126}$$

Die Abschätzungen (125) und die Beziehungen (120), (124), (126) führen zu den Ungleichungen

$$\overline{\lim_{t \to +0}} \frac{\varphi(t) - \varphi(0)}{t} \leqq \max_{x \in X(0)} \min_{y \in Y(0)} f_t'(x, y, 0),$$

$$\underline{\lim_{t \to +0}} \frac{\varphi(t) - \varphi(0)}{t} \geqq \min_{y \in Y(0)} \max_{x \in X(0)} f_t'(x, y, 0),$$

aus denen wir auf Grund der bekannten Ungleichungen

$$\max_{x \in X(0)} \min_{y \in Y(0)} f_t'(x, y, 0) \leqq \min_{y \in Y(0)} \max_{x \in X(0)} f_t'(x, y, 0)$$

die gesuchte Beziehung (117) gewinnen. Der Satz ist bewiesen.

Wir betrachten die von dem Parameter $t \in [0, t_0]$ abhängende Familie

$$f(x, t) \to \sup, \tag{127}$$

$$f_i(x, t) \geqq 0, \quad i = 1, \ldots, m, \tag{128}$$

$$x \in X, \tag{129}$$

konvexer Optimierungsprobleme mit $f(x, t)$, $f_i(x, t)$ konkave, auf der konvexen, abgeschlossenen Menge X definierte und stetige Funktionen in x, $t \in [0, t_0]$, $i = 0, 1, \ldots, m$.

Sei $v(t)$ der Wert des Supremums (127) unter den Restriktionen (128), (129).

Wir führen die LAGRANGE-Funktion für Problem (127)—(129)

$$F(x, y, t) = f(x, t) + \sum_{i=1}^{m} y_i f_i(x, t)$$

ein und setzen $Y = \{y = (y_1, \ldots, y_m) \mid y_i \geqq 0, i = 1, \ldots, m\}$.

Wie bekannt hat das zu (127)—(129) duale Problem bei festem t-Wert die Form

$$\psi(y, t) = \sup_{x \in X} F(x, y, t) \to \inf, \tag{130}$$

$$y \in Y. \tag{131}$$

Wir bezeichnen die Probleme (127)—(129) bzw. (130), (131) bei festem Wert $t \in [0, t_0]$ mit $A(t)$ bzw. $B(t)$.

Als Folgerung aus Satz 16 erhalten wir den folgenden Marginalwertsatz für Problem (127)—(129).

Satz 17: *Es seien die Probleme $A(0)$ und $B(0)$ lösbar und deren Optimalmengen $X(0)$ bzw. $Y(0)$ beschränkt, die Funktionen $f_0(x, t) = f(x, t), f_i(x, t), i = 1, \ldots, m,$ im Punkt $t = +0$ für ein beliebiges x aus irgendeiner Umgebung X' der Optimalmengen $X(0)$ von Problem $A(0)$ differenzierbar, wobei die Ableitungen $\frac{\partial f_i(x, 0)}{\partial t}$ der Bedingung*

$$\frac{f_i(x, t) - f_i(x, 0)}{t} \to \frac{\partial f_i(x, 0)}{\partial t} \quad \text{für} \quad t \to +0$$

gleichmäßig bezüglich $x \in Y'$ genügen, $i = 0, 1, \ldots, m$. Dann besitzt die Funktion $v(t)$ eine rechtsseitige Ableitung $v'(0)$ im Punkt $t = 0$, und es gilt

$$v'(0) = \max_{x \in X(0)} \min_{y \in Y(0)} \frac{\partial F(x, y, 0)}{\partial t} = \min_{y \in Y(0)} \max_{x \in X(0)} \frac{\partial F(x, y, 0)}{\partial t}. \tag{132}$$

Zum Beweis von Satz 17 genügt es, zu bemerken, daß das Problem $A(t)$ nach Lemma 1 in die äquivalente Gestalt

$$\varphi(x, t) = \inf_{y \in Y} F(x, y, t) \to \sup, \quad x \in X,$$

übergeführt und Satz 16 angewendet werden kann.

Satz 17 stellt eine Verallgemeinerung des bekannten *Marginalwertsatzes für lineare Optimierungsprobleme* auf konvexe dar. Der letzte Satz wurde von H. Mills [5] formuliert, der ihn für den Fall orthogonaler Matrix-Spiele bewies. Allerdings enthielt der von H. Mills angegebene Beweis dieses Satzes für allgemeine lineare Optimierungsprobleme einen Fehler. Im weiteren zeigt sich[1]), daß für die Gültigkeit des Marginalsatzes für allgemeine lineare Optimierungsprobleme die Voraussetzung beschränkter Optimalmengen $X(0)$ und $Y(0)$ für ein Primal- und Dualproblem bei $t = 0$ genügte. Dabei ist die Beschränktheitsforderung für die Mengen $X(0)$ und $Y(0)$ unter äußerst schwachen Voraussetzungen bewiesen; er enthält als Spezialfall den Marginalwertsatz für lineare Optimierungsprobleme.

---

[1]) Hierfür s. Kap. 3, § 5 vom Buch [3].

Literatur

[1] Гольштейн, Е. Г.: Двойственные задачи выпуклого программирования (Duale konvexe Optimierungsprobleme). Экономика и матем. методы 1, 3 (1965).

[2] Гольштейн, Е. Г., и С. М. Мовшович: Непрерывная зависимость от параметра множества решений минимаксной задачи (Stetige Parameterabhängigkeit der Lösungsmenge bei Minimaxproblemen). Экономика и матем. методы 4, 6 (1968).

[3] Гольштейн, Е. Г., и Д. Б. Юдин: Новые направления в линейном программировании (Neue Richtungen in der linearen Optimierung). Verlag „Sowj. Radio", Moskau 1966.

[4] Зуховицкий, С. И., и Л. И. Авдеева: Линейное и выпуклое программирование (Lineare und konvexe Optimierung). 2. ergänzte und überarbeitete Aufl., Verlag „Nauka", Moskau 1967.

[5] Милс, Х.: Маргинальные значения матричных игр и задач линейного программирования, сб. статей „Линейные неравенства и смежные вопросы". Verlag für fremdspr. Literatur, Moskau 1959.

[6] Нейман, Дж.: К теории стратегических игр, сб. „Матричные игры". Fismatgis, Moskau 1961.

[7] Рубинштейн, Г. Ш.: Несколько примеров двойственных экстремальных задач (Einige Beispiele dualer Extremalprobleme). Сб. „Матем. программирование", Verlag „Nauka", Moskau 1966.

[8] Удзава, Х.: Теорема Куна-Таккера о вогнутом программировании, сб. „Исследования по линейному и нелинейному программированию. Verlag für fremdspr. Literatur, Moskau 1962.

[9] Kneser, H.: Sur un théorème fondamental de la théorie des jeux. C. r. Acad. Sci. (Paris) **234**, Nr. 25 (1952).

[10] KUHN, H. W., and A. W. TUCKER: Non linear programming. Proc. Second Berkeley Sympos. Math. Stat. and Prob., Berkeley and Los Angeles, Univ. of Calif. Press, 1951.

[11] NICAIDO, H.: On von Neumann's minimax theorem. Pacific J. Math. **4** (1954).

[12] SLATER, M.: Lagrange multipliers revisted. Cowles Commission Discussion Paper, Math., 1950.

Sachverzeichnis

Der Autor

- gibt eine elementare Darstellung der Grundlagen der Theorie der konvexen Optimierung

- kommt durch Verallgemeinerungen des von Neumannschen Hauptsatzes zu Dualitätsbeziehungen für die konvexe Optimierung und zu Optimalitätskriterien

- wendet sich mit diesem Buch an breite Kreise von Mathematikern, Ökonomen und Ingenieuren, die auf dem Gebiet der mathematischen Ökonomie, der automatischen Steuerung und der Operationsforschung arbeiten.

WISSENSCHAFTLICHE TASCHENBÜCHER